全国普通高等学校机械类"十二五"规划系列教材

机械设计实践教程

主　编　王利华

副主编　侍红岩　迎　春　王耘涛　张丹丹

华中科技大学出版社

中国·武汉

内 容 提 要

本书是按照教育部《"十二五"普通高等教育本科教材建设意见》(教高[2011]5号),以"符合人才培养需求,体现教育改革成果,确保教材质量,内容先进创新"为指导思想而组织编写的。

本书内容包括三大部分。第1篇,机械设计习题(共16章),每章按五种题型涵盖了各章大部分知识点,全部给出了参考答案;第2篇,机械设计实验(共7章),包括机械设计课程的七个典型实验;第3篇,机械设计课程设计(共7章),较系统地介绍了机械传动装置的设计任务、设计内容、步骤和方法,重点突出,便于课程设计的教学和自学。本书力求内容精练,注重实际能力的培养与训练。

本书一方面可以作为机械设计制造及其自动化、机械电子工程、材料成形与控制等专业系列教材使用,以满足教学要求;另一方面也可以作为机械设计课程学习指南,供学习者参考。

图书在版编目(CIP)数据

机械设计实践教程/王利华　主编.—武汉:华中科技大学出版社,2012.10(2024.8重印)
ISBN 978-7-5609-8321-9

Ⅰ.机…　Ⅱ.王…　Ⅲ.机械设计-高等学校-教材　Ⅳ.TH122

中国版本图书馆CIP数据核字(2012)第200370号

机械设计实践教程　　　　　　　　　　　　　　　　　王利华　主编

策划编辑:俞道凯
责任编辑:刘　勤
封面设计:范翠璇
责任校对:祝　菲
责任监印:张正林
出版发行:华中科技大学出版社(中国·武汉)　　电话:(027)81321913
　　　　　武汉市东湖新技术开发区华工科技园　　邮编:430223
录　　排:武汉市洪山区佳年华文印部
印　　刷:武汉邮科印务有限公司
开　　本:787mm×1092mm　1/16
印　　张:11.5
字　　数:288千字
版　　次:2024年8月第1版第4次印刷
定　　价:39.80元

全国普通高等学校机械类"十二五"规划系列教材

编审委员会

全国普通高等学校机械类"十二五"规划系列教材

序

  "十二五"时期是全面建设小康社会的关键时期,是深化改革开放、加快转变经济发展方式的攻坚时期,也是贯彻落实《国家中长期教育改革和发展规划纲要(2010—2020 年)》的关键五年。教育改革与发展面临着前所未有的机遇和挑战。以加快转变经济发展方式为主线,推进经济结构战略性调整、建立现代产业体系,推进资源节约型、环境友好型社会建设,迫切需要进一步提高劳动者素质,调整人才培养结构,增加应用型、技能型、复合型人才的供给。同时,当今世界处在大发展、大调整、大变革时期,为了迎接日益加剧的全球人才、科技和教育竞争,迫切需要全面提高教育质量,加快拔尖创新人才的培养,提高高等学校的自主创新能力,推动"中国制造"向"中国创造"转变。

  为此,近年来教育部先后印发了《教育部关于实施卓越工程师教育培养计划的若干意见》(教高[2011]1 号)、《关于"十二五"普通高等教育本科教材建设的若干意见 》(教高[2011]5 号)、《关于"十二五"期间实施"高等学校本科教学质量与教学改革工程"的意见》(教高[2011]6 号)、《教育部关于全面提高高等教育质量的若干意见》(教高[2012]4 号) 等指导性意见,对全国高校本科教学改革和发展方向提出了明确的要求。在上述大背景下,教育部高等学校机械学科教学指导委员会根据教育部高教司的统一部署,先后起草了《普通高等学校本科专业目录机械类专业教学规范》、《高等学校本科机械基础课程教学基本要求》,加强教学内容和课程体系改革的研究,对高校机械类专业和课程教学进行指导。

  为了贯彻落实教育规划纲要和教育部文件精神,满足各高校高素质应用型高级专门人才培养要求,根据《关于"十二五"普通高等教育本科教材建设的若干意见 》文件精神,华中科技大学出版社在教育部高等学校机械学科教学指导委员会的指导下,联合一批机械学科办学实力强的高等学校、部分机械特色专业突出的学校和教学指导委员会委员、国家级教学团队负责人、国家级教学名师组成编委会,邀请来自全国高校机械学科教学一线的教师组织编写全国普通高等学校机械类"十二五"规划系列教材,将为提高高等教育本科教学质量和人才培养质量提供有力保障。

当前经济社会的发展,对高校的人才培养质量提出了更高的要求。该套教材在编写中,应着力构建满足机械工程师后备人才培养要求的教材体系,以机械工程知识和能力的培养为根本,与企业对机械工程师的能力目标紧密结合,力求满足学科、教学和社会三方面的需求;在结构上和内容上体现思想性、科学性、先进性,把握行业人才要求,突出工程教育特色。同时注意吸收教学指导委员会教学内容和课程体系改革的研究成果,根据教指委颁布的各课程教学专业规范要求编写,开发教材配套资源(习题、课程设计和实践教材及数字化学习资源),适应新时期教学需要。

教材建设是高校教学中的基础性工作,是一项长期的工作,需要不断吸取人才培养模式和教学改革成果,吸取学科和行业的新知识、新技术、新成果。本套教材的编写出版只是近年来各参与学校教学改革的初步总结,还需要各位专家、同行提出宝贵意见,以进一步修订、完善,不断提高教材质量。

谨为之序。

国家级教学名师

华中科技大学教授、博导

2012 年 8 月

前　言

　　本书是按照《教育部关于"十二五"普通高等教育本科教材建设意见》(教高〔2011〕5号)，以"符合人才培养需求，体现教育改革成果，确保教材质量，内容先进创新"为指导思想，由华中科技大学出版社筹划、组织编写的全国普通高等学校机械类"十二五"规划系列教材，是最新专业目录中机械大类(专业代码0802)下的机械工程、机械设计制造及其自动化、机械电子工程、材料成形与控制专业系列教材之一。在教材的编写中，着力构建满足机械工程师后备人才培养要求的教材体系，以机械工程知识和能力的培养为宗旨，与企业对机械工程师的能力目标紧密结合，力求满足学科、教学和社会三方面的需求；在结构上和内容上体现思想性、科学性、先进性，把握行业人才要求，突出工程教育特色。

　　"机械设计"是机械类专业的一门主干技术基础课程，是以一般通用零件的设计计算为核心的设计性课程，是一门设计性、综合性和实践性都很强的课程。在机械类本科教学体系中具有十分重要的地位，也是机械工程一级学科各专业硕士研究生入学考试的课程之一。

　　本书内容包括三大部分。第1篇，机械设计习题(共16章)，每章按概念题、填空题、选择题、简答题和计算分析题五种题型，涵盖了各章大部分知识点，全部给出了参考答案，便于基本知识、基本理论和基本方法的熟悉与理解，尤其是重点、难点内容更容易体会把握；第2篇，机械设计实验(共7章)，包括零件认知、螺纹连接、带传动、滑动轴承与轴系结构、减速器装拆和传动系统方案设计七个典型实验，实践性、理论性和设计性相融合，有利于知识掌握和动手能力培养；第3篇，机械设计课程设计(共7章)，包括总论、任务书、传动方案设计、装配图设计、说明书和答辩，较系统介绍了机械传动装置的设计任务、设计内容、步骤和方法，重点突出，便于课程设计的教学和自学。本书一方面可以作为机械设计系列教材之一，满足教学要求；另一方面也可以作为机械设计课程学习指南，供学习者参考。

　　华中科技大学出版社筹划、组织了此书的编写工作，在此深表谢意。另外，还要感谢在编写过程中提供帮助的老师和同学们。

　　由于编者水平及时间有限，书中难免有错误和不妥之处，恳请读者批评指正。

编　者

2012 年 8 月 18 日

目　　录

第1篇　机械设计习题

第 2 篇　机械设计实验

第 3 篇　机械设计课程设计

第1篇 机械设计习题

  "机械设计"是机械类专业的一门主干技术基础课程,它的主要任务是培养学生掌握通用机械零件的设计原理、方法和机械设计的一般规律,具有设计机械传动装置和简单机械的能力。"机械设计"在机械类本科教学体系中具有十分重要的地位,也是机械工程一级学科各专业硕士研究生入学考试的课程之一。该课程内容繁杂,理论性和实践性都很强,初学者不容易抓住重点。

  本篇以掌握解题方法和技巧、内容全面和突出重点为原则,每章按概念题、填空题、选择题、简答题和计算分析题五种题型涵盖了各章大部分知识点,全部给出了参考答案,便于基本知识、基本理论和基本方法的熟悉理解,尤其是重点、难点内容更容易把握。

第1章 绪   论

习   题

1. 名词解释

1-1 机器

1-2 标准件

2. 填空题

1-3 机器的基本组成要素是_____。

1-4 机械零件可以分为_____和_____两大类。

3. 选择题

1-5 机械设计课程研究的内容只限于_____。

A. 专用零件和部件   B. 特殊条件下工作的通用零件和部件

C. 普通工作条件下一般通用零件和部件   D. 标准化的零件和部件

1-6 机械设计课程的性质是_____。

A. 技术基础课   B. 基础课   C. 公共课   D. 专业课

4. 简答题

1-7 什么是通用零件？什么是专用零件？试各举三个实例。

参 考 答 案

1. 名词解释

1-1 机器是一种用来转换或传递能量、物料和信息的，能执行机械运动的装置。

1-2 标准件是指结构、尺寸、画法、标记等各个方面已经完全标准化，并由专业厂生产的常用的零(部)件，如螺纹件、键、销、滚动轴承等。

2. 填空题

1-3 机械零件

1-4 通用零件 专用零件

3. 选择题

1-5 C； **1-6** A

4. 简答题

1-7 答 通用零件是指在各种机器中都能用到的零件，如螺钉、齿轮、轴承等；专用零件是指在特定的机器中才能用到的零件，如涡轮机的叶片、飞机的螺旋桨、往复式活塞内燃机的曲轴等。

第 2 章　机械设计总论

习　　题

1. 名词解释

2-1　失效

2-2　强度准则

2. 填空题

2-3　机械零件的常规设计方法可概括地划分为_____、_____和_____三种。

2-4　机械零件的主要失效形式主要有_____、_____、_____和_____。

3. 选择题

2-5　驱动整部机器以完成预定功能的动力源是_____。

A. 原动机部分　　　B. 执行部分　　　　C. 传动部分　　　　D. 控制系统部分

2-6　下列不属于现代设计方法的是_____。

A. 优化设计　　　　B. 并行设计　　　　C. 计算机辅助设计　D. 模型实验设计

4. 简答题

2-7　提高设计和制造经济性指标的主要途径有哪些?

2-8　为了提高机械零件的强度,在设计时原则上可以采用哪些措施?

参 考 答 案

1. 名词解释

2-1　失效是指机械零件在正常使用条件下丧失预定功能。

2-2　强度准则是指零件中的应力不得超过允许的限度。

2. 填空题

2-3　理论设计　经验设计　模型实验设计

2-4　整体断裂　过大的残余变形　零件的表面破损　非正常工作条件引起的失效

3. 选择题

2-5　A；　**2-6**　D

4. 简答题

2-7　**答**　提高设计和制造经济性指标的主要途径有如下六条。

(1) 采用强度高的材料。

(2) 使零件具有足够的截面尺寸。

(3) 合理地设计零件的截面形状,以增大截面的惯性矩。

(4) 采用热处理和化学热处理方法,以改善材料的力学性能。

(5) 提高运动零件的制造精度,以降低工作时的动载荷。

（6）合理地配置机器中各零件的相互位置，以降低作用于零件上的载荷。

2-8　答　可以采用以下五项措施。

（1）采用现代设计方法，使设计参数最优化，达到尽可能精确的计算结果，保证足够可靠性。

（2）最大限度地采用标准化、系列化及通用化的零、部件。

（3）尽可能采用新技术、新工艺、新结构和新材料。

（4）合理地组织设计和制造过程。

（5）力求改善零件结构的工艺性，使其用料少、易加工、易装配。

第 3 章 机械零件的强度

习 题

1. 名词解释

3-1 疲劳破坏

3-2 疲劳损伤累积假说

2. 填空题

3-3 应力幅与平均应力之和等于_____,应力幅与平均应力之差等于_____,最小应力与最大应力之比称为_____。

3-4 $r=-1$ 时,变应力称为_____变应力,$r=0$ 时,变应力称为_____变应力,当 $r=1$ 时,变应力称为_____应力,当 r 等于其他值时,变应力称为_____变应力。

3-5 影响机械零件疲劳强度的因素有:_____、_____、_____。

3. 选择题

3-6 下列四种叙述中_____是正确的。

A. 变应力只能由变载荷产生　　　　B. 静载荷不能产生变应力

C. 变应力是由静载荷产生的　　　　D. 变应力可以由变载荷产生,也可能由静载荷产生

3-7 变应力特性可用 σ_{max}、σ_{min}、σ_m、σ_a、r 等五个参数中的任意_____来描述。

A. 一个　　　　　B. 两个　　　　　C. 三个　　　　　D. 四个

3-8 一用 45 钢制造的零件,工作时受静拉力,危险截面处的最大应力 $\sigma=200$ MPa,许用应力 $[\sigma]=250$ MPa,许用安全系数 $[S]_\sigma=1.28$,则该材料的屈服点 $\sigma_s=$ _____ MPa。

A. 156　　　　　B. 195　　　　　C. 256　　　　　D. 320

3-9 在进行疲劳强度计算时,其极限应力应为材料的_____。

A. 屈服点　　　　B. 疲劳极限　　　　C. 强度极限　　　　D. 弹性极限

3-10 两圆柱体相接触,接触面为矩形,接触面宽度中心处的最大接触应力 σ_{Hmax} 与载荷 F 的关系为 $\sigma_{Hmax} \propto$ _____。

A. F　　　　　B. F^2　　　　　C. $F^{1/3}$　　　　　D. $F^{1/2}$

3-11 绘制零件的 σ_m-σ_a 极限应力简图时,所必需的已知数据是_____。

A. σ_{-1},σ_0,σ_s,k_σ　　B. σ_{-1},σ_0,ψ_σ,K_σ　　C. σ_{-1},σ_0,σ_s,K_σ　　D. σ_{-1},σ_s,ψ_σ,k_σ

3-12 塑性材料在脉动循环变应力作用下的极限应力为_____。

A. σ_B　　　　　B. σ_s　　　　　C. σ_0　　　　　D. σ_{-1}

3-13 机械零件的强度条件可以写成_____。

A. $\sigma\leqslant[\sigma]$,$\tau\leqslant[\tau]$ 或 $S_\sigma\leqslant[S]_\sigma$,$S_\tau\leqslant[S]_\tau$　　B. $\sigma\geqslant[\sigma]$,$\tau\geqslant[\tau]$ 或 $S_\sigma\geqslant[S]_\sigma$,$S_\tau\geqslant[S]_\tau$

C. $\sigma\leqslant[\sigma]$,$\tau\leqslant[\tau]$ 或 $S_\sigma\geqslant[S]_\sigma$,$S_\tau\geqslant[S]_\tau$　　D. $\sigma\geqslant[\sigma]$,$\tau\geqslant[\tau]$ 或 $S_\sigma\leqslant[S]_\sigma$,$S_\tau\leqslant[S]_\tau$

3-14 零件表面经淬火、渗氮、喷丸及滚子碾压等处理后,其疲劳强度将_____。

A. 提高　　　　　B. 不变　　　　　C. 降低　　　　　D. 高低不能确定

3-15 某齿轮工作时,轮齿双侧受载,则该齿轮的齿面接触应力按_____变化。

A. 对称循环
B. 脉动循环
C. 循环特性 $r = -0.5$ 的循环
D. 循环特性 $r = +1$ 的循环

3-16 外圈固定、内圈随轴转动的滚动轴承,其内圈上任一点的接触应力为_____。

A. 对称循环交变应力
B. 静应力
C. 不稳定的脉动循环交变应力
D. 稳定的脉动循环交变应力

3-17 零件的安全系数为_____。

A. 零件的极限应力比许用应力
B. 零件的极限应力比零件的工作应力
C. 零件的工作应力比许用应力
D. 零件的工作应力比许用应力

3-18 零件的形状、尺寸、结构相同时,磨削加工的零件与精车加工的相比,其疲劳强度_____。

A. 较高
B. 较低
C. 相同
D. 不一定

4. 简答题

3-19 机械零件上的哪些位置易产生应力集中? 举例说明。

3-20 两零件的材料和几何尺寸都不相同,当两零件以曲面相互接触受载时,两者的接触应力是否相同?

3-21 疲劳破坏有哪些特点? 疲劳破坏与静强度破坏区别是什么?

3-22 什么是材料的疲劳极限(又称无限寿命疲劳极限)? 如何表示?

3-23 极限应力线图有何用处?

5. 计算分析题

3-24 设有一零件受变应力作用,已知变应力的平均应力 $\sigma_m = 189$ MPa,应力幅为 $\sigma_a = 129$ MPa,试求该变应力的循环特征 r。

3-25 设一个钢制的轴类零件,其危险剖面承受 $\sigma_{max} = 200$ MPa,$\sigma_{min} = -100$ MPa,综合影响系数 $K_\sigma = 2$,材料的 $\sigma_s = 400$ MPa,$\sigma_{-1} = 250$ MPa,$\sigma_0 = 400$ MPa。试画出材料的简化极限应力线图,并判定零件的破坏形式。

3-26 45 钢经调质后的性能为 $\sigma_{-1} = 300$ MPa,$m = 9$,$N_0 = 10^7$,以此材料做试件进行试验,先以对称循环变应力 $\sigma_{-1} = 500$ MPa 作用 $n_1 = 10^4$ 次,再以 $\sigma_2 = 400$ MPa 作用于试件,求还要循环多少次才会使该试件破坏。

参 考 答 案

1. 名词解释

3-1 疲劳破坏是指零件在远低于材料抗拉强度极限的交变应力作用下所发生的破坏。

3-2 材料在承受超过疲劳极限的交变应力时,在每一次应力作用下,零件寿命都要受到一定损伤,当损伤率累积达到 100%(即达到疲劳寿命极限)时便会发生疲劳破坏,这就是疲劳损伤累积假说。通过该假说可将非稳定变应力下零件的疲劳强度计算折算成等效的稳定变应力疲劳强度。

2. 填空题

3-3 最大应力　最小应力　应力循环特性

3-4 对称循环　脉动循环　静　非对称循环

3-5　应力集中　绝对尺寸　表面状态

3. 选择题

3-6 D；**3-7** B；**3-8** D；**3-9** B；**3-10** D；**3-11** C；**3-12** C；**3-13** C；
3-14 A；**3-15** A；**3-16** C；**3-17** B；**3-18** A

4. 简答题

3-19 答　在零件几何尺寸突变(如沟槽、孔、圆角、轴肩、键槽等)以及配合零件边缘处易产生应力集中。

3-20 答　两零件的接触应力始终相同(与材料和几何尺寸无关)。

3-21 答　疲劳破坏的特点：① 在循环变应力多次反复作用下发生疲劳破坏；② 没有明显的塑性变形；③ 所受应力远低于材料的抗拉强度；④ 对材料组成、零件形状、尺寸、表面状态、使用条件和工作环境敏感。具有突发性、高局部性和对缺陷的敏感性。

静强度破坏是由于工作应力超过了静强度极限引起的,具体说,工作应力超过材料的屈服点就会发生塑性变形,工作应力超过强度极限就会发生断裂。而疲劳破坏时,其工作应力远小于材料的抗拉强度,其破坏是由于变应力对材料损伤的累积。交变应力每作用一次,都会对材料形成一定的损伤,损伤的结果是形成小裂纹。这种损伤随着应力作用次数的增加而线性累积,小裂纹不断扩展,当静强度不够大时零件就会发生断裂。静强度计算的极限应力值是定值。而疲劳强度计算的极限应力是变化的,它随着循环特性和寿命大小的改变而改变。

3-22 答　用一组材料相同的标准试件进行疲劳实验,试件受无限次循环应力作用而不发生疲劳破坏的最大应力称为材料的疲劳极限,用 σ_r 表示,r 为应力循环特征。

3-23 答　确定零件材料的破坏形式；确定零件、材料的极限应力；计算零件的安全系数。

5. 计算分析题

3-24 解　最大应力为　$\sigma_{max} = \sigma_m + \sigma_a = (189 + 129)\ \text{MPa} = 318\ \text{MPa}$

最小应力为　　　　$\sigma_{min} = \sigma_m - \sigma_a = (189 - 129)\ \text{MPa} = 60\ \text{MPa}$

循环特征为　　　　$r = \pm \dfrac{\sigma_{min}}{\sigma_{max}} = 60/318 = 0.1887$

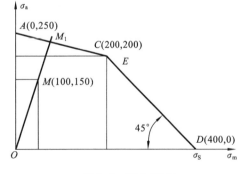

图 3-1　题 3-25 图

3-25 解　材料的简化极限应力线如图 3-1 所示。有

$$\sigma_m = \frac{\sigma_{max} + \sigma_{min}}{2} = \frac{200 - 100}{2}\ \text{MPa} = 50\ \text{MPa}$$

$$\sigma_a = \frac{\sigma_{max} - \sigma_{min}}{2} = \frac{200 + 100}{2}\ \text{MPa} = 150\ \text{MPa}$$

标出工作应力点 $M(100,150)$ 如图 3-1 所示。因为是转轴,可以认为应力循环特性不变,材料的极限应力点为 M_1 点,零件的破坏形式为疲劳破坏。

3-26 解　这是不稳定变应力作用下的疲劳强度计算问题,应根据疲劳损伤累积假说(Miner 假说)进行计算：

$$\sum_{i=1}^{2} \frac{n_i}{N_i} = 0.7 \sim 2.2$$

现取等号右边为 1 计算,有　　　$\sigma_{-1}^m N_0 = \sigma_r^m N_r$

$$N_1 = N_0 \left(\frac{\sigma_{-1}}{\sigma_1} \right)^m = 10^7 \times \left(\frac{300}{500} \right)^9 = 10^5 \times 1.007\ 77$$

$$N_2 = N_0 \left(\frac{\sigma_{-1}}{\sigma_2} \right)^m = 10^7 \times \left(\frac{300}{400} \right)^9 = 10^5 \times 7.508\ 47$$

$$\frac{n_1}{N_1} + \frac{n_2}{N_2} = 1, \quad n_2 = \left(1 - \frac{n_1}{N_1} \right) N_2 = 6.763\ 4 \times 10^5$$

第4章 摩擦磨损及润滑概述

习　　题

1. 名词解释

4-1 摩擦

4-2 磨损

4-3 油性

4-4 闪点

4-5 凝点

4-6 黏度

2. 填空题

4-7 滑动摩擦根据摩擦表面间是否存在润滑剂分为_____、_____、_____、_____。

4-8 根据磨损的机理分类,可将磨损分为_____、_____、_____、_____等。

4-9 机械零件的磨损过程大致可以分为三个阶段,即_____、_____、_____。

3. 选择题

4-10 两摩擦表面被一层液体隔开,摩擦性质取决于液体内部分子间黏性阻力的摩擦状态称为_____。

　A. 液体摩擦　　　　B. 干摩擦　　　　C. 混合摩擦　　　　D. 边界摩擦

4-11 两相对滑动的接触表面,依靠吸附的油膜进行润滑的摩擦状态称为_____。

　A. 液体摩擦　　　　B. 干摩擦　　　　C. 混合摩擦　　　　D. 边界摩擦

4-12 采用含有油性和极压添加剂的润滑剂,主要是为了减小_____。

　A. 黏着磨损　　　　B. 表面疲劳磨损　　C. 磨粒磨损　　　　D. 腐蚀磨损

4-13 根据牛顿液体黏性定律,大多数润滑油油层间相对滑动时所产生的切应力 τ 与偏导数 $\dfrac{\partial v}{\partial y}$ 之间的关系是_____。

　A. $\tau = -\eta \dfrac{\partial v}{\partial y}$　　　B. $\tau = -\eta \left(\dfrac{\partial v}{\partial y}\right)^2$　　C. $\tau = -\eta \left/ \dfrac{\partial v}{\partial y}\right.$　　　D. $\tau = -\eta \left/ \left(\dfrac{\partial v}{\partial y}\right)^2\right.$

4-14 润滑油的_____又称为绝对黏度。

　A. 运动黏度　　　　B. 动力黏度　　　　C. 恩格尔黏度　　　D. 赛氏通用秒

4-15 运动黏度 ν 是动力黏度 η 与同温度下润滑油_____的比值。

　A. 密度 ρ　　　　B. 质量 m　　　　C. 相对密度 d　　　D. 速度 v

4-16 当温度升高时,润滑油的黏度_____。

　A. 随之升高　　B. 随之降低　　C. 保持不变　　D. 升高或降低视润滑油性质而定

4-17 在新国标中,润滑油的运动黏度 ν 是在规定的温度 t 等于_____摄氏度时测定的。

　A. 20 ℃　　　　　B. 40 ℃　　　　　C. 50 ℃　　　　　D. 100 ℃

4-18　现在把研究有关摩擦、磨损与润滑的科学与技术统称为_____。

A. 摩擦理论　　　　　B. 磨损理论　　　　　C. 润滑理论　　　　　D. 摩擦学

4. 简答题

4-19　润滑剂的作用是什么？常用润滑剂有哪几种？

4-20　什么是添加剂？常用的添加剂有哪些？添加剂的作用是什么？

参 考 答 案

1. 名词解释

4-1　摩擦是指两接触的物体在接触表面间相对滑动或有运动趋势时产生阻碍其发生相对滑动的切向阻力的现象。

4-2　磨损是由于摩擦引起的摩擦能耗和导致表面材料的不断损耗或转移而产生的。

4-3　油性是润滑油的极性分子与金属表面吸附形成的边界油膜的吸附能力。

4-4　闪点是蒸发的油气，一遇火焰即能闪光时的最低温度。

4-5　凝点是润滑油冷却到不能流动时的最高温度。

4-6　黏度是流体抵抗变形的能力，它标志着流体内摩擦阻力的大小。

2. 填空题

4-7　干摩擦　边界摩擦　流体摩擦　混合摩擦

4-8　黏附磨损　磨粒磨损　疲劳磨损　腐蚀磨损

4-9　磨合阶段　稳定磨损阶段　剧烈磨损阶段

3. 选择题

4-10　A；　4-11　D；　4-12　A；　4-13　A；　4-14　B；　4-15　A；　4-16　B；

4-17　B；　4-18　D

4. 简答题

4-19　**答**　在摩擦面间加入润滑剂不仅可以降低摩擦，减轻磨损，保护零件不遭受锈蚀，而且在采用循环润滑时还能起到散热降温的作用。由于液体的不可压缩性，润滑油膜还具有缓冲、吸振的能力。使用膏状的润滑脂，既可防止内部的润滑剂外泄，又可阻止外部杂质侵入，避免加剧零件的磨损，起到密封作用。润滑剂可分为气体润滑剂、液体润滑剂、半固体润滑剂和固体润滑剂四种基本类型。

4-20　**答**　为了提高油的品质和使用性能，常加入某些份量虽少（从百分之几到百万分之几）但对润滑剂性能的改善起巨大作用的物质，这些物质称为添加剂。

添加剂的种类很多，有油性添加剂、极压添加剂、分散净化剂、消泡添加剂、抗氧化添加剂、降凝剂、增黏剂等。

添加剂的作用为：① 提高润滑剂的油性、极压性和在极端工作条件下更有效的工作能力；② 推迟润滑剂的老化变质，延长其正常使用寿命；③ 改善润滑剂的物理性能，如降低凝点、消除泡沫、提高黏度、改进其黏-温特性等。

为了有效地提高边界膜的强度，简单而行之有效的方法是在润滑油中添加一定量的油性添加剂或极压添加剂。

第 5 章　螺纹连接与螺旋传动

习　　题

1. 名词解释

5-1　螺距

5-2　螺纹公称直径

2. 填空题

5-3　螺纹按牙型分类主要有＿＿＿＿、＿＿＿＿、＿＿＿＿、＿＿＿＿和管螺纹。

5-4　螺纹连接的基本类型有＿＿＿＿、＿＿＿＿、＿＿＿＿、＿＿＿＿。

5-5　三角形螺纹的牙型角 α＝＿＿＿＿，适用于＿＿＿＿。而梯形螺纹的牙型角 α＝＿＿＿＿，适用于＿＿＿＿。

5-6　螺纹连接的防松,按其防松原理分为＿＿＿＿防松、＿＿＿＿防松和＿＿＿＿防松。

5-7　螺纹连接防松的实质是＿＿＿＿。

5-8　承受横向工作载荷的铰制孔螺栓连接,靠螺栓受＿＿＿＿和＿＿＿＿来传递载荷,可能发生的失效形式是＿＿＿＿和＿＿＿＿。

5-9　螺旋副的自锁条件是＿＿＿＿。

3. 选择题

5-10　采用普通螺栓连接的凸缘联轴器,在传递转矩时,＿＿＿＿。

A. 螺栓的横截面受剪切　　　　　　　　B. 螺栓与螺栓孔配合面受挤压

C. 螺栓同时受剪切与挤压　　　　　　　D. 螺栓受拉伸与扭转作用

5-11　用于连接的螺纹牙型为三角形,这是因为三角形螺纹＿＿＿＿。

A. 牙根强度高,自锁性能好　　　　　　B. 传动效率高

C. 防振性能好　　　　　　　　　　　　D. 自锁性能差

5-12　若螺纹的直径和螺旋副的摩擦因数一定,则拧紧螺母时的效率取决于螺纹的＿＿＿＿。

A. 螺距和牙型角　　B. 升角和头数　　C. 导程和牙形斜角　　D. 螺距和升角

5-13　对于连接用螺纹,主要要求连接可靠,自锁性能好,故常选用＿＿＿＿。

A. 升角小、单头三角形螺纹　　　　　　B. 升角大、双头三角形螺纹

C. 升角小、单头梯形螺纹　　　　　　　D. 升角大、双头矩形螺纹

5-14　用于薄壁零件连接的螺纹,应采用＿＿＿＿。

A. 三角形细牙螺纹　　B. 梯形螺纹　　C. 锯齿形螺纹　　D. 多头的三角形粗牙螺纹

5-15　当铰制孔用螺栓组连接承受横向载荷或旋转力矩时,该螺栓组中的螺栓＿＿＿＿。

A. 必受剪切力作用　　　　　　　　　　B. 必受拉力作用

C. 同时受到剪切与拉伸　　　　　　　　D. 既可能受剪切,也可能受挤压作用

5-16　计算紧螺栓连接的拉伸强度时,考虑到拉伸与扭转的复合作用,应将拉伸载荷增

加到原来的_____倍。

A. 1.1　　　　　　B. 1.3　　　　　　C. 1.25　　　　　　D. 0.3

5-17　在螺栓连接中,有时在一个螺栓上采用双螺母,其目的是_____。

A. 提高强度　　　B. 提高刚度　　　C. 防松　　　D. 减小每圈螺纹牙上的受力

5-18　紧螺栓连接在按拉伸强度计算时,应将拉伸载荷增加到原来的 1.3 倍,这是考虑_____。

A. 螺纹的应力集中　　B. 扭转切应力作用　　C. 安全因素　　　D. 载荷变化与冲击

5-19　在螺栓连接设计中,若被连接件为铸件,则有时要在螺栓孔处制作沉头座孔或凸台,其目的是_____。

A. 避免螺栓受附加弯曲应力作用　　　　　B. 便于安装

C. 安置防松装置　　　　　　　　　　　　D. 避免螺栓受拉力过大

5-20　当两被连接件之一太厚,不宜制成通孔,且需要经常拆卸时,往往采用_____。

A. 螺栓连接　　　B. 螺钉连接　　　C. 双头螺柱连接　　　D. 紧定螺钉连接

5-21　随着被连接件刚度的增大,螺栓的疲劳强度_____。

A. 提高　　　B. 降低　　　C. 不变　　　D. 可能提高,也可能降低

5-22　受轴向变载荷作用的紧螺栓连接,当增大螺栓直径时,螺栓的疲劳强度_____。

A. 提高　　　B. 降低　　　C. 不变　　　D. 可能提高,也可能降低

5-23　一精致普通螺栓的螺栓头上标记为 6.8(强度级别),则该螺栓材料的屈服强度近似为_____ MPa。

A. 600　　　　　　B. 800　　　　　　C. 680　　　　　　D. 480

5-24　在常用螺纹类型中,主要用于传动的是_____。

A. 矩形螺纹、梯形螺纹、普通螺纹　　　　B. 矩形螺纹、锯齿形螺纹、管螺纹

C. 梯形螺纹、普通螺纹、管螺纹　　　　　D. 梯形螺纹、矩形螺纹、锯齿螺纹

5-25　受轴向变载荷的螺栓连接中,已知预紧力 $F_0 = 8\,000$ N,工作载荷:$F_{min} = 0$,$F_{max} = 4\,000$ N,螺栓和被连接件的刚度相等,则在最大工作载荷下,剩余预紧力为_____。

A. 2 000 N　　　B. 4 000 N　　　C. 6 000 N　　　D. 8 000 N

4. 简答题

5-26　螺纹连接预紧的目的是什么?

5-27　为了提高螺栓的疲劳强度,在螺栓的最大应力一定时,可采取哪些措施来降低应力幅?并举出三个结构例子。

5-28　螺纹连接设计时均已满足自锁条件,为什么设计时还必须采取有效的防松措施?

5-29　承受预紧力 F_0 和工作拉力 F 的紧螺栓连接,螺栓所受的总拉力 F_2 是否等于 $F_0 + F$? 为什么?

5-30　提高螺纹连接强度的措施有哪些?

5. 计算分析题

5-31　如图 5-1 所示,用 8 个 M24($d_1 = 20.752$ mm)的普通螺栓连接的钢制液压油缸,螺栓材料的许用应力 $[\sigma] = 80$ MPa,液压油缸的直径 $D = 200$ mm,为保证紧密性要求,残余预紧力为 $F_1 = 1.6F$,试求油缸内许用的最大压强 P_{max}。

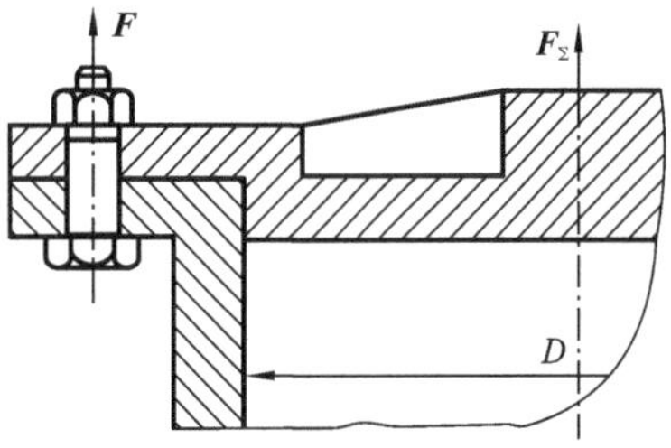

图 5-1　题 5-31 图

5-32　凸缘联轴器用 M16(小径 $d_1=13.835$ mm,中径 $d_2=14.702$ mm)普通螺栓连接。螺栓均匀分布在直径 $D=155$ mm 的圆周上,接合面摩擦因数 $\mu=0.15$,传递的转矩 $T=800$ N·m,载荷较平稳,传递摩擦力可靠性系数(防滑系数)$K_f=1.2$。螺栓材料为 6.8 级,45 钢,屈服点 $\sigma_s=480$ MPa,安装时不控制预紧力,取安全系数 $[S_s]=4$,试确定所需螺栓数 z(取计算直径 $d_c=d_1$)。

5-33　图 5-2 所示为某减速装置的组装齿轮,齿圈为 45 钢,$\sigma_s=355$ MPa,齿芯为铸铁 HT250,用 6 个 8.8 级 M6 的铰制孔用螺栓均布在 $D_0=110$ mm 的圆周上进行连接,有关尺寸如图 5-2 所示。试确定该连接传递最大转矩 T_{max}。

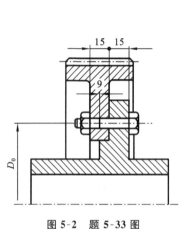

图 5-2　题 5-33 图

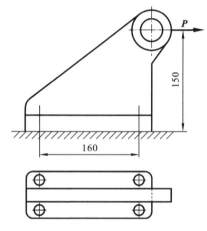

图 5-3　题 5-34 图

5-34　图 5-3 所示支架用 4 个普通螺栓连接在立柱上,已知载荷 $P=12\,400$ N,连接的尺寸参数如图 5-3 所示,接合面摩擦因数 $\mu=0.2$,螺栓材料的屈服强度 $\sigma_s=270$ MPa,安全系数 $S=1.5$,螺栓的相对刚度 $\dfrac{C_b}{C_b+C_m}=0.3$,防滑系数 $K_s=1.2$。试求所需螺栓小径 d_1。

5-35　如图 5-4 所示的扳手柄用两个普通螺栓连接,最大扳拧力 $P=200$ N,试确定所需的螺栓直径 d(可参考表 5-1)。已知:螺栓的许用拉应力 $[\sigma]=90$ MPa,扳手两零件之间的摩擦因数 $\mu=0.18$,取可靠性系数 $K_f=1.1$。

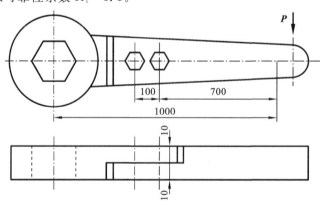

图 5-4　题 5-35 图

表 5-1　螺栓直径 d 的推荐值(摘自 GB/T 196—2003)

d_1/mm	8.376	10.106	11.835	13.835	15.294	17.294
d/mm	10	12	14	16	18	20

5-36　图 5-5 所示为两根钢梁,由两块钢盖板用八只普通螺栓连接,螺栓的许用应力$[\sigma]=90$ MPa,作用在梁上的横向载荷 $R=18\ 000$ N,钢梁与盖板之间的摩擦因数 $\mu=0.15$,防滑系数 $K_s=1.2$,试设计该螺栓(可参考表 5-2)。

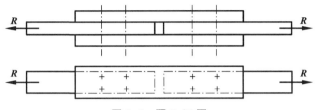

图 5-5　题 5-36 图

表 5-2　螺栓直径的推荐值(摘自 GB/T 196—2003)

d/mm	14	16	18	20	22
d_1/mm	11.835	13.835	15.294	17.294	19.284

参 考 答 案

1. 名词解释

5-1　螺距是相邻两牙在中径圆柱面的母线上对应两点间的轴向距离。

5-2　螺纹公称直径是指与外螺纹牙顶或内螺纹牙底相重合的假想圆柱面直径。

2. 填空题

5-3　三角形螺纹　梯形螺纹　矩形螺纹　锯齿形螺纹

5-4　螺栓连接　双头螺柱连接　螺钉连接　紧定螺钉连接

5-5　$60°$　连接　$30°$　传动

5-6　摩擦　机械　永久

5-7　防止螺纹副相对转动

5-8　剪切　挤压　(螺杆被)剪断　(工作面被)压溃

5-9　螺旋升角小于当量摩擦角

3. 选择题

5-10　D;　5-11　A;　5-12　B;　5-13　A;　5-14　A;　5-15　D;　5-16　B;

5-17　C;　5-18　B;　5-19　A;　5-20　C;　5-21　A;　5-22　B;　5-23　D;

5-24　D;　5-25　C

4. 简答题

5-26　答　预紧的目的在于增强连接的可靠性和紧密性,以防止受载后被连接件间出现缝隙或发生相对滑移。

5-27　答　可采取减小螺栓刚度或增大被连接件刚度的方法来降低应力幅:① 适当增加螺栓的长度;② 采用减小螺栓杆直径的腰状杆螺栓或空心螺栓;③ 在螺母下面安装弹性元件。

5-28　答　在静载荷及工作温度变化不大时,连接一般不会自动松脱。但冲击、振动、载荷变化、温度变化较大或高温等均会造成连接间摩擦力减小或瞬时消失,或应力松弛而发生连接松脱。

5-29 答　不等于。因为当承受工作拉力 F 后，该连接中的预紧力 F_0 减为残余预紧力 F_1，故 $F_2 = F_1 + F$。

5-30 答　① 改善载荷在螺纹牙间的分配，如采用环槽螺母，其目的是使载荷上移悬置螺母，使螺杆螺母都受拉。② 减小螺栓的应力幅，如采用柔性螺栓，其目的是减小连接件的刚度。③ 减小应力集中，如采用较大的过渡圆角或卸荷结构。④ 避免附加弯曲应力，如采用凸台和沉头座。⑤ 采用合理的制造工艺，如采用滚压、表面硬化处理等。

5. 计算分析题

5-31 解

（1）根据强度条件求出单个螺栓的许用拉力 F_2。

（2）求许用工作载荷 F。

根据
$$\sigma_{ca} = \frac{1.3F_2}{\frac{\pi}{4}d_1^2} \leqslant [\sigma]$$

解得
$$F_2 \leqslant \frac{\pi d_1^2}{4 \times 1.3}[\sigma] = \frac{20.752^2 \pi}{4 \times 1.3} \times 80 \text{ N} = 20\,814 \text{ N}$$

依题意，有
$$F_2 = F_1 + F = 1.6F + F = 2.6F$$

由
$$2.6F = 20\,814$$

解得
$$F = 8\,005 \text{ N}$$

油缸许用载荷
$$F_\Sigma = zF = 8F = 64\,043 \text{ N}$$

根据
$$F_\Sigma = p_{max}\frac{\pi D^2}{4} = 64\,043 \text{ N}$$

解得
$$p_{max} = \frac{4F_\Sigma}{\pi D^2} = \frac{4 \times 64\,043}{\pi \times 200^2} \text{ MPa} = 2.04 \text{ MPa}$$

5-32 解　许用拉应力为
$$[\sigma] = \frac{\sigma_s}{[S_s]} = \frac{480}{4} \text{ MPa} = 120 \text{ MPa}$$

设每个螺栓所需预紧力为 F'，由强度条件知
$$F' \leqslant \frac{\pi d_1^2[\sigma]}{4 \times 1.3} = \frac{\pi \times 13.835^2 \times 120}{4 \times 1.3} \text{ N} = 13\,876.7 \text{ N}$$

又
$$zF'\mu\frac{D}{2} \geqslant K_f T$$

故
$$z \geqslant \frac{K_f T}{F'\mu\frac{D}{2}} = \frac{1.2 \times 800\,000}{13\,876.7 \times 0.15 \times \frac{155}{2}} = 5.951$$

即
$$z = 6$$

5-33 解　（1）按抗剪强度条件计算单个螺栓的许用剪力 F_s。

根据 M6 铰制孔用螺栓，查得 $d_0 = 7$ mm；螺栓的屈服强度 $\sigma_s = 640$ MPa；查表取 $S = 2.5$；则螺栓材料的许用切应力为
$$[\tau] = \frac{\sigma_s}{S} = \frac{640}{2.5} \text{ MPa} = 256 \text{ MPa}$$

$$F_s \leqslant \frac{\pi[\tau]d_0^2}{4} = \frac{3.14 \times 256 \times 7^2}{4} \text{ N} = 9\,847 \text{ N}$$

（2）按抗剪强度计算螺栓组的许用转矩 T 为

$$T=\frac{F_s z D_0}{2}=\frac{9\ 847\times6\times110}{2}\ \text{N}\cdot\text{mm}=3\ 249\ 510\ \text{N}\cdot\text{mm}=3\ 249.51\ \text{N}\cdot\text{m}$$

（3）计算许用挤压应力$[\sigma_P]$。

螺栓为 8.8 级，$\sigma_s=640$ MPa，取 $S=1.25$，螺栓材料的许用挤压应力为

$$\frac{\sigma_s}{S}=\frac{640}{1.25}\ \text{MPa}=512\ \text{MPa}$$

轮心材料为铸铁 HT250，抗拉强度 $\sigma_b=250$ MPa，取 $S=2.5$，许用挤压应力为

$$\frac{\sigma_b}{S}=\frac{250}{2.5}\ \text{MPa}=100\ \text{MPa}$$

轮心材料较弱，以$[\sigma_p]=100$ MPa 计算转矩。

（4）按挤压强度条件计算单个螺栓的许用剪力 F_s。

由图 5-2 知，$L_{min}=9$ mm，则

$$F_S=d_0 h_{min}[\sigma_p]=7\times9\times100\ \text{N}=6\ 300\ \text{N}$$

（5）按挤压强度条件计算螺栓组的许用转矩 T 为

$$T=\frac{F_s z D_0}{2}=\frac{6\ 300\times6\times110}{2}\ \text{N}\cdot\text{mm}=2\ 079\ 000\ \text{N}\cdot\text{mm}=2\ 079\ \text{N}\cdot\text{m}$$

综上，此螺栓组所传递的最大转矩 $T_{max}=2\ 079$ N·m。

5-34 解 （1）在力 P 的作用下，螺栓组连接承受的倾覆力矩（顺时针方向）为

$$M=P\times150=12\ 400\times150\ \text{N}\cdot\text{mm}=1\ 860\ 000\ \text{N}\cdot\text{mm}$$

（2）在倾覆力矩 M 作用下，左边两螺栓受力较大，所受载荷 F_{max} 为

$$F_{max}=\frac{Ml_{max}}{\sum_{i=1}^{z}l_i^2}=\frac{1\ 860\ 000\times\dfrac{160}{2}}{4\times\left(\dfrac{160}{2}\right)^2}\ \text{N}=5\ 812.5\ \text{N}$$

（3）在横向力 P 作用力下，支架与立柱接合可能产生滑移，根据不滑移条件可得

$$\mu F_1 z=K_s P$$

$$F_1\geqslant\frac{K_s P}{\mu z}=\frac{1.2\times12\ 400}{0.2\times4}\ \text{N}=18\ 600\ \text{N}$$

（4）左边螺栓所受总拉力 F_2 为

$$F_2=F_1+\frac{C_b}{C_b+C_m}F=(18\ 600+0.3\times5\ 812.5)\ \text{N}=20\ 343.75\ \text{N}$$

（5）螺栓的许用应力为

$$[\sigma]=\frac{\sigma_s}{S}=\frac{270}{1.5}\ \text{MPa}=180\ \text{MPa}$$

（6）螺栓危险截面的直径（螺纹小径 d_1）为

$$d_1\geqslant\sqrt{\frac{4\times1.3Q}{\pi[\sigma]}}=\sqrt{\frac{4\times1.3\times20\ 343.75}{\pi\times180}}\ \text{mm}=13.677\ \text{mm}$$

5-35 解

（1）解法 1。

如图 5-6 所示，扳手力 P 对螺栓组中心 O 产生的转矩

$$T=P\times750=200\times750\ \text{N}\cdot\text{mm}=150\ 000\ \text{N}\cdot\text{mm}$$

克服转矩 T 所需预紧力

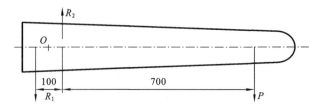

图 5-6 题 5-35 解图

$$R' = \frac{K_f T}{\mu(50+50)} = \frac{1.1 \times 150\ 000}{0.18 \times 100}\ N = 9\ 167\ N$$

克服横向力 F 所需预紧力

$$R'' = \frac{K_f P}{\mu z} = \frac{1.1 \times 200}{0.18 \times 2}\ N = 611\ N$$

受力最大的螺栓所需预紧力

$$F_{max} = R_2 = R' + R'' = 9\ 778\ N$$

$$d_1 \geqslant \sqrt{\frac{4 \times 1.3 F_{max}}{\pi[\sigma]}} = \sqrt{\frac{4 \times 1.3 \times 9\ 778}{\pi \times 90}}\ mm = 13.41\ mm$$

查表 5-1 选 M16 的普通螺栓。

(2) 解法 2。

扳手接杆上力 P 与 R_1、R_2 平衡,有

$$100R_1 = 700P$$

$$R_1 = 7P = 1\ 400\ N$$

$$R_2 = R_1 + P = 1\ 600\ N$$

右边螺栓受力最大,按此螺栓计算预紧力 F_{max},有

$$\mu F_{max} \geqslant K_f R_2$$

$$F_{max} \geqslant \frac{K_f R_2}{\mu} = \frac{1.1 \times 1\ 600}{0.18}\ N = 9\ 778\ N$$

$$d_1 \geqslant \sqrt{\frac{4 \times 1.3 F_{max}}{\pi[\sigma]}} = \sqrt{\frac{4 \times 1.3 \times 9\ 778}{\pi \times 90}}\ mm = 13.41\ mm$$

查表 5-1 选 M16 的普通螺栓。

5-36 解 (1)计算螺栓所受拉力。假设各螺栓所需预紧力均为 Q_p,则平衡条件为

$$\mu F_1 zi \geqslant K_s R$$

式中 $\mu = 0.15$, $z = 4$, $i = 2$, $K_s = 1.2$, $R = 18\ 000$

则

$$F_1 \geqslant \frac{K_s R}{\mu zi} = \frac{1.2 \times 18\ 000}{0.15 \times 4 \times 2}\ N = 18\ 000\ N$$

螺栓拉力 $Q = F_1 = 18\ 000\ N$

(2)确定螺栓直径。螺栓危险截面的螺栓小径为

$$d_1 \geqslant \sqrt{\frac{4 \times 1.3 Q}{\pi[\sigma]}} = \sqrt{\frac{4 \times 1.3 \times 18\ 000}{\pi \times 90}} = 18.19\ mm$$

选用 M22(螺纹小径 $d_1 = 19.284\ mm > 18.19\ mm$)的螺栓。

第6章 键、花键、无键连接和销连接

习 题

1. 名词解释

6-1 定位销

6-2 无键连接

2. 填空题

6-3 普通平键用于_____连接,其工作面是_____面,工作时靠_____传递转矩,其主要失效形式是_____。

6-4 导向平键和滑键用于_____连接,其主要失效形式是_____,这种连接的强度条件是_____。

3. 选择题

6-5 平键连接的工作面是键的_____。

A. 两个侧面   B. 上、下两面   C. 两个端面   D. 侧面和上、下面

6-6 一般普通平键连接的主要失效形式是_____。

A. 剪断   B. 磨损   C. 胶合   D. 压溃

6-7 一般导向键连接的主要失效形式是_____。

A. 剪断   B. 磨损   C. 胶合   D. 压溃

6-8 设计普通平键连接时,应根据_____来选择键的长度尺寸。

A. 传递的转矩   B. 传递的功率   C. 轴的直径   D. 轮毂长度

6-9 设计普通平键连接时,应根据_____来选择键的截面尺寸。

A. 传递的力矩   B. 传递的功率   C. 轴的直径   D. 轮毂长度

6-10 当一个平键不能满足强度要求时,可采用两个平键错开_____布置。

A. 90°   B. 120°   C. 150°   D. 180°

6-11 楔键连接的主要缺点是_____。

A. 轴和轴上零件对中性差   B. 键安装时易损坏

C. 装入后在轮毂中产生初应力   D. 键的斜面加工困难

6-12 花键连接与平键连接相比较,_____的观点是错误的。

A. 承载能力较大   B. 对中性和导向性都比较好

C. 对轴的削弱比较严重   D. 可采用磨削加工提高连接质量

6-13 矩形花键连接通常采用_____定心。

A. 小径   B. 大径   C. 侧边   D. 齿廓

6-14 当采用两个平键错开180°布置时,在强度校核时只按_____个键计算。

A. 2   B. 3   C. 1.5   D. 1

4. 简答题

6-15 普通平键有哪些失效形式？其主要失效形式是什么？怎样进行强度校核？如经校核判断强度不足时,可采取哪些措施？

6-16 花键有哪几种？哪种花键应用最广？如何定心？

6-17 花键连接有哪些特点？

参 考 答 案

1. 名词解释

6-1 固定零件之间的相对位置的销称为定位销。

6-2 不用键或花键的轴与轮毂连接,统称为无键连接。

2. 填空题

6-3 静 两侧 侧面受挤压和剪切 工作面被压溃

6-4 动 磨损 耐磨性条件 $p \leqslant [p]$

3. 选择题

6-5 A；**6-6** D；**6-7** B；**6-8** D；**6-9** C；**6-10** D；

6-11 A；**6-12** C；**6-13** A；**6-14** C

4. 简答题

6-15 答 普通平键的失效形式有工作面被压溃,个别情况下会出现键被剪断。其主要失效形式是压溃。进行强度校核时应校核挤压强度和抗剪强度。如经校核判断强度不足时,可在同一连接处错开 180°布置两个平键,强度按 1.5 个键计算。

6-16 答 有矩形花键、渐开线花键。其中渐开线花键适用于载荷大、定心精度要求高、尺寸较大的场合,压力角为 45°的渐开线花键用于载荷不大的薄壁零件连接。矩形花键应用较广。矩形花键连接采用小径定心,渐开线花键采用齿廓定心。

6-17 答 由于结构形式和制造工艺的不同,与平键连接比较,花键连接在强度、工艺和使用方面有下列特点:

(1) 因为在轴上与毂孔上直接而均匀地制出较多的齿与槽,故连接受力较为均匀;

(2) 因槽较浅,齿根处应力集中较小,轴与毂的强度削弱较少;

(3) 齿数较多,总接触面积较大,因而可承受较大的载荷;

(4) 轴上零件与轴的对中性好,这对高速及精密机器很重要;

(5) 导向性好,这对动连接很重要;

(6) 可用磨削的方法提高加工精度及连接质量;

(7) 制造工艺较复杂,有时需要专门设备,成本较高。

第7章 铆接、焊接、胶接和过盈连接

习 题

1. 名词解释

7-1 铆接

7-2 过盈连接

2. 填空题

7-3 铆缝按接头结构形式可分为_____、_____和_____。

7-4 过盈连接主要用于_____、_____和_____的连接等。

3. 选择题

7-5 不属于机械零件的焊接材料的是_____。

A. Q275   B. 45钢   C. 50Mn   D. HT200

7-6 不属于胶接强度的是_____。

A. 耐热性   B. 耐介质性   C. 流动性   D. 耐老化性

4. 简答题

7-7 焊接与铆接相比较有哪些优点?

7-8 焊接件的工艺及设计要点有哪些?

参 考 答 案

1. 名词解释

7-1 铆接也称铆钉连接,是利用铆钉把两个或两个以上的元件(通常是金属零件或型材)连接为一个整体的连接技术。

7-2 过盈连接是利用零件间的配合过盈来达到连接目的的,过盈连接主要用于轴与毂的连接、轮圈与轮芯的连接,以及滚动轴承与轴或座孔的连接等。

2. 填空题

7-3 搭接缝 单盖板对接缝 双盖板对接缝

7-4 轴与毂的连接 轮圈与轮芯的连接 滚动轴承与轴或座孔

3. 选择题

7-5 D; **7-6** C

4. 简答题

7-7 答 焊接的优点如下:

(1)减轻结构重量,焊缝的金属重量比铆钉的重量小;

(2)工艺过程简单,费用低;

(3)焊缝气密性和液密性优于铆缝;

（4）劳动条件较铆接好。

7-8　答　焊接工艺及设计要点如下：

（1）焊缝应按被焊件厚度制成相应坡口，或者进行一般的侧棱、仰边工艺处理。在焊接前，应对坡口进行清洗整理；

（2）在满足强度条件下，焊缝的长度应按实验结构的情况尽可能地取得短些或分段进行焊接，并应避免焊缝交叉；

（3）在焊接工艺上采取措施，使构件在冷却时能有微小自由移动的可能；

（4）焊缝在焊后应经热处理（如退火），消除残余应力；

（5）在焊接厚度不同的对接板件时，应使对接部位厚度一致，以利于焊缝金属均匀熔化；

（6）设计焊接件时，应恰当地选择母体材料和焊条；

（7）合理布置焊缝及长度；

（8）对于那些有强度要求的重要焊缝，必须按照有关行业的强度规范进行焊缝尺寸校核，明确工艺要求和技术条件，并在焊后仔细地进行质量检验。

第 8 章 带 传 动

习 题

1. 名词解释

8-1 打滑

8-2 弹性滑动

2. 填空题

8-3 在带传动中,带上所受的三种应力是_____应力、_____应力和_____应力。最大应力等于_____,它发生在_____。

8-4 带传动中,打滑是指_____,多发生在_____轮上。刚开始打滑时,紧边拉力 F_1 与松边拉力 F_2 的关系为_____。

8-5 在设计 V 带传动时,V 带的型号根据_____和_____选取。

8-6 带传动常见的张紧装置有_____、_____和_____等几种。

8-7 带传动所能传递的最大有效圆周力取决于_____、_____、_____和_____四个因素。

8-8 带传动的失效形式有_____和_____。

8-9 在 V 带传动中,限制带的根数 $z \leqslant z_{max}$,是为了保证_____。

8-10 限制小带轮的最小直径是为了保证带中_____不致过大。

3. 选择题

8-11 V 带传动中,带截面楔角为 $40°$,带轮的轮槽角应_____ $40°$。

A. 大于   B. 等于   C. 小于   D. 不定

8-12 带传动正常工作时不能保证准确的传动比是因为_____。

A. 带的材料不符合虎克定律   B. 带容易变形和磨损

C. 带在带轮上打滑   D. 带存在弹性滑动

8-13 带传动工作时产生弹性滑动是因为_____。

A. 带的预紧力不够   B. 带的紧边和松边拉力不等

C. 带绕过带轮时有离心力   D. 带和带轮间摩擦力不够

8-14 带传动中,带速 $v < 10$ m/s,紧边拉力为 F_1,松边拉力为 F_2。当空载时,F_1 和 F_2 的比值是_____。

A. $F_1/F_2 \approx 0$ B. $F_1/F_2 \approx 1$ C. $F_1/F_2 = e^{\mu\alpha}$ D. $1 < F_1/F_2 < e^{\mu\alpha}$

8-15 用_____提高带传动的传动功率是不合适的。

A. 适当增大预紧力 F_0 B. 增大轴间距 a

C. 增加带轮表面粗糙度   D. 增大小带轮基准直径 d_{d1}

8-16 当带速 v 大于 30 m/s 时,一般采用_____来制造带轮。

A. 灰铸铁   B. 球墨铸铁   C. 铸钢   D. 铝合金

8-17 下列类型的普通 V 带中,以_____型带的截面尺寸最小。

A. A   B. C   C. E   D. Z

8-18 在初拉力相同的条件下,V 带比平带能传递较大的功率,是因为 V 带_____。

A. 强度高   B. 尺寸小   C. 有楔形增压作用   D. 没有接头

8-19 带传动中,v_1 为主动轮的圆周速度,v_2 为从动轮的圆周速度,v 为带速,这些速度之间存在的关系是_____。

A. $v_1 = v_2 = v$ B. $v_1 > v > v_2$ C. $v_1 < v < v_2$ D. $v_1 = v > v_2$

8-20 在带传动的稳定运行过程中,带横截面上拉应力的循环特性是_____。

A. $r = -1$ B. $r = 0$ C. $0 < r < -1$ D. $0 < r < +1$

8-21 V 带轮是采用实心式、轮辐式或腹板式,主要取决于_____。

A. 传递的功率   B. 带的横截面尺寸   C. 带轮的直径   D. 带轮的线速度

8-22 设计 V 带传动机构时,发现带的根数过多,可采用_____来解决。

A. 换用更大截面型号的 V 带   B. 增大传动比   C. 增大中心距   D. 减小带轮直径

8-23 与齿轮传动相比,带传动的优点是_____。

A. 能过载保护   B. 承载能力大   C. 传动效率高   D. 使用寿命长

8-24 中心距一定的带传动机构,小带轮包角的大小主要取决于_____。

A. 小带轮直径   B. 大带轮直径   C. 两带轮直径之和   D. 两带轮直径之差

8-25 一定型号的 V 带内弯曲应力的大小,与_____成反比关系。

A. 带的线速度   B. 带轮的直径   C. 小带轮上的包角   D. 传动比

4. 简答题

8-26 带传动的打滑是如何发生的? 它与弹性滑动有何区别? 打滑对带传动会产生什么影响?

8-27 在带传动中,在什么情况下需采用张紧轮? 将张紧轮布置在什么位置较为合理?

8-28 确定小带轮直径时,应考虑哪些因素?

8-29 在多根 V 带传动中,当一根带失效时,为什么全部带都要更换?

8-30 为什么普通车床的第一级传动采用带传动,而主轴与丝杠之间的传动链中不能采用带传动?

8-31 为了增加传动能力,将带轮工作面加工得粗糙些以增大摩擦系数,这样做是否合理?

8-32 V 带的主要类型有哪些?

8-33 带传动的主要失效形式是什么? 带传动的设计准则是什么?

8-34 与普通 V 带相比,窄 V 带的截面形状及尺寸有何不同? 其传动有何特点?

8-35 V 带传动在由多种传动组成的传动系中的位置该如何布置?

5. 计算分析题

8-36 已知:V 带传递的实际功率 $P = 7.5$ kW,带速 $v = 10$ m/s,紧边拉力是松边拉力的两倍,试求有效圆周力 F_e、紧边拉力 F_1 和初拉力 F_0。

8-37 一 V 带传动机构,$d_1 = d_2 = 200$ mm,转速 $n_1 = 980$ r/min,传递功率 $P = 10$ kW,单班工作,载荷平稳。用 B 型 V 带,带长 $L_d = 1\,400$ mm,额定功率增量 $\Delta P_0 = 0$ kW。查表知:单根 B 型 V 带的许用功率 P_0 为 3.86 kW,$K_\alpha = 1$,$K_L = 0.90$。试问传动需要几根 V 带?

$$\left(提示：z=\frac{P_{ca}}{(P_0+\Delta P_0)K_\alpha K_L}\right)$$

8-38 单根 A 型普通 V 带即将打滑时能传递的功率 $P=2.33$ kW，主动带轮直径 $D_1=125$ mm（D_1 为基准直径），转速 $n=3\,000$ r/min，小带轮包角 $\alpha_1=150°$，带与带轮间当量摩擦因数 $\mu_v=0.25$，已知 V 带截面面积 $A=81$ mm²，高度 $h=8$ mm，每米质量 $q=0.10$ kg/m，V 带弹性模量 $E=300$ N/mm²。试求带截面上各应力的大小，并计算各应力是紧边拉应力的百分之几。（摩擦损失功率不计）

参 考 答 案

1. 名词解释

8-1 打滑是由于过载所引起的带在带轮上全面滑动的现象。

8-2 由于带的弹性变形差而引起的带与带轮之间的滑动，称为带传动的弹性滑动。

2. 填空题

8-3 拉应力 离心应力 弯曲应力 三者最大处之和 紧边绕入小带轮处

8-4 带和轮全面滑动 小带轮上 $F_1/F_2=e^{\mu\alpha}$

8-5 传递功率 小轮转速

8-6 定期张紧装置 自动张紧装置 张紧轮

8-7 初拉力 小轮包角 摩擦因数 带速

8-8 打滑 疲劳破坏

8-9 每根 V 带受力均匀（避免受力不均）

8-10 弯曲应力

3. 选择题

8-11 C； **8-12** D； **8-13** B； **8-14** C； **8-15** C； **8-16** D； **8-17** D； **8-18** C；
8-19 B； **8-20** D； **8-21** C； **8-22** A； **8-23** A； **8-24** D； **8-25** B

4. 简答题

8-26 答 打滑是由于过载所引起的带在带轮上全面滑动的现象。弹性滑动是由于带的弹性变形差而引起的带与带轮之间的滑动，这是带传动正常工作时固有的特性。打滑可以避免，而弹性滑动不可以避免。打滑将使带的磨损加剧，从动轮转速急剧下降，使带的运动处于不稳定状态，甚至使传动失效。

8-27 答 当中心距不能调节时，可采用张紧轮将带张紧。张紧轮一般应放在松边内侧，使带只受单向弯曲。同时张紧轮还应尽量靠近大轮，以免过分影响带在小轮上的包角。

8-28 答 确定小带轮直径时，要考虑下列因素：

（1）最小带轮直径，应满足 $d_1\geqslant d_{min}$，使弯曲应力不至于过大；

（2）带速应满足 5 m/s$\leqslant v\leqslant$25 m/s；

（3）传动比误差，带轮直径取标准值，使实际传动比与要求的传动比误差在 3%～5% 范围内；

（4）使小带轮包角 $\geqslant$120°；

（5）传动所占空间大小。

8-29 答 新 V 带和旧 V 带长度不等，当新、旧 V 带一起使用时，会出现受力不均现象。

旧 V 带因长度大而受力较小或不受力,新 V 带因长度较小受力大,会很快失效。

8-30 答 带传动适用于中心距较大传动,且具有缓冲、吸振及过载打滑的特点,能保护其他传动件,适合普通机床的第一级传动要求;因带传动存在弹性滑动,传动比不准,不适合传动比要求严格的传动,而机床的主轴与丝杠间要求有很高的精度,故不能采用带传动。

8-31 答 不合理。这样会加剧带的磨损,降低带的寿命。

8-32 答 V 带有普通 V 带、窄 V 带、联组 V 带、齿形 V 带、大楔角 V 带、宽 V 带等多种类型,其中普通 V 带应用最广,近年来窄 V 带也得到广泛的应用。

8-33 答 打滑和疲劳破坏。在保证带传动不打滑的条件下,具有一定的疲劳强度和寿命。

8-34 答 窄 V 带用合成纤维作抗拉体,与普通 V 带相比,当高度相同时,窄 V 带的宽度约缩小 1/3,而承载能力可提高 1.5～2.5 倍,适用于传递动力大而又要求传动装置紧凑的场合。

8-35 答 带传动不适合低速传动。在由带传动、齿轮传动、链传动等组成的传动系统中,应将带传动布置在高速级。若放在低速级,则传递的圆周力大,会使带的根数很多,结构大,轴的长度增加,刚度不好,各根带受力不均等。

另外,V 带传动应尽量水平布置,并将紧边布置在下边,将松边布置在上边。这样,松边的下垂对带轮包角有利,不降低承载能力。

5. 计算分析题

8-36 解 根据
$$P = F_e v$$

得到
$$F_e = \frac{P}{v} = \frac{7\,500}{10} \text{ N} = 750 \text{ N}$$

联立
$$\begin{cases} F_e = F_1 - F_2 = 750 \text{ N} \\ F_1 = 2F_2 \end{cases}$$

解得
$$F_2 = 750 \text{ N}, \quad F_1 = 1\,500 \text{ N}$$

$$F_0 = F_1 - F_e/2 = (1\,500 - 750/2) \text{ N} = 1\,125 \text{ N}$$

8-37 解 (1)计算功率。因单班工作,载荷平稳,取载荷系数 $K = 1$,则
$$P_{ca} = KP = P = 10 \text{ kW}$$

(2)计算带速。
$$v = \frac{\pi n_1 d_1}{60 \times 1\,000} = \frac{\pi \times 955 \times 200}{60 \times 1\,000} \text{ m/s} = 10 \text{ m/s}$$

根据带速 v 查得
$$P_0 = 3.86 \text{ kW}$$

(3)计算 V 带根数
$$z = \frac{P_{ca}}{(P_0 + \Delta P_0)K_a K_L} = \frac{10}{(3.86 + 0) \times 0.9 \times 1} = \frac{10}{3.5} = 2.88$$

圆整取 $z = 3$ 根。

8-38 解
$$v = \frac{\pi D_1 n}{60} = 19.635 \text{ m/s}$$

由 $P = \dfrac{F_{ec} v}{1\,000}$,得

$$F_{ec} = \frac{1\,000 P}{v} = 118.7 \text{ N}$$

由 $F_{ec} = 2F_0 \dfrac{e^{\mu_v a} - 1}{e^{\mu_v a} + 1}$，得

$$F_0 = \frac{F_{ec}}{2} \cdot \frac{e^{\mu_v a} - 1}{e^{\mu_v a} + 1} = 187.8 \text{ N}$$

$$F_1 = F_0 + \frac{F_{ec}}{2} = 247.15 \text{ N}$$

$$F_2 = F_0 - \frac{F_{ec}}{2} = 128.45 \text{ N}$$

拉应力为

$$\sigma_1 = \frac{F_1}{A} = 3.05 \text{ MPa}$$

$$\sigma_2 = \frac{F_2}{A} = 1.586 \text{ MPa}$$

弯曲应力为

$$\sigma_{b1} = E \frac{h}{D_1} = 19.2 \text{ MPa}$$

离心应力为

$$\sigma = \frac{qv^2}{A} = 0.476 \text{ MPa}$$

$$\sigma_2 / \sigma_1 \times 100\% = 52\%$$

$$\sigma_{b1} / \sigma_1 \times 100\% = 629.5\%$$

$$\sigma_c / \sigma_1 \times 100\% = 15.6\%$$

（注：因未给出 a，所以 D_2 未知，σ_{b2} 算不出来。）

第9章 链 传 动

习 题

1. 名词解释

9-1 链传动的多边形效应

9-2 传动链

2. 填空题

9-3 传动链的主要类型有_____链和_____链。

9-4 滚子链最主要参数是链的_____,为提高链速的均匀性,应选用齿数_____的链轮和节距_____的链条。

9-5 当链节数为_____数时,必须采用过渡链节连接,此时会产生附加_____。

9-6 选用链条节距的原则是在满足传递_____的前提下,尽量选用_____的节距。

9-7 链条节数选择偶数是为了_____。链轮齿数选择奇数是为了_____。

9-8 在链传动布置时,对于中心距较小、传动比较大的传动,应使_____边在上,_____边在下,这主要是为了防止_____。而对于中心距较大、传动比较小的传动,应使紧边在_____,松边在_____,这主要是为了防止_____。

9-9 在设计链传动时,对于高速、重载的传动,应选用_____节距的_____排链;对于低速、重载的传动,应选用_____节距的_____排链。

9-10 链轮转速越_____,链条节距越_____,链传动中的动载荷越大。

3. 选择题

9-11 套筒滚子链链轮分度圆直径等于_____。

A. $\dfrac{p}{\sin\dfrac{180°}{z}}$ B. $\dfrac{p}{\tan\dfrac{180°}{z}}$ C. $p\left(0.54+\cot\dfrac{180°}{z}\right)$ D. $\dfrac{\sin\dfrac{180°}{z}}{p}$

9-12 链传动中,链条的平均速度 $v=$_____。

A. $\dfrac{\pi d_1 n_1}{60\times1\,000}$ B. $\dfrac{\pi d_2 n_2}{60\times1\,000}$ C. $\dfrac{z_1 n_1 p}{60\times1\,000}$ D. $\dfrac{z_1 n_2 p}{60\times1\,000}$

9-13 下列具有中间挠性件的传动中,_____作用在轴上的载荷最小。

A. 普通 V 带传动   B. 平带传动   C. 链传动   D. 窄 V 带传动

9-14 与齿轮传动相比,链传动的优点是_____。

A. 传动效率高   B. 工作平稳,无噪声

C. 承载能力大   D. 传动的中心距大,距离远

9-15 链传动设计中,一般链轮的最多齿数限制为 $z_{max}=120$,是为了_____。

A. 减小链传动的不均匀性   B. 限制传动比

C. 防止过早脱链   D. 保证链轮轮齿的强度

9-16 链传动中,限制链轮最少齿数 z_{min} 的目的是_____。

A. 减小传动的运动不均匀性和动载荷　　B. 防止链节磨损后脱链

C. 使小链轮轮齿受力均匀　　　　　　　D. 防止润滑不良时轮齿加速磨损

9-17 设计链传动时,链长(节数)最好取_____。

A. 偶数　　　　　　　B. 奇数　　　　　　C. 5 的倍数　　　　　D. 链轮齿数的整数倍

9-18 下列链传动传动比的计算公式中,_____是错误的。

A. $i=\dfrac{n_1}{n_2}$　　　　　B. $i=\dfrac{d_2}{d_1}$　　　　　C. $i=\dfrac{z_2}{z_1}$　　　　　D. $i=\dfrac{T_2}{\eta T_1}$

9-19 链传动设计中,当载荷大、中心距小、传动比大时,宜选用_____。

A. 大节距单排链　　B. 小节距多排链　　C. 小节距单排链　　D. 大节距多排链

9-20 链传动张紧的目的主要是_____。

A. 同带传动一样　　　　　　　　　　　B. 提高链传动工作能力

C. 避免松边垂度过大　　　　　　　　　D. 增大小链轮包角

9-21 链传动的张紧轮应装在_____。

A. 靠近小轮的松边上　　　　　　　　　B. 靠近小轮的紧边上

C. 靠近大轮的松边上　　　　　　　　　D. 靠近大轮的紧边上

9-22 链传动人工润滑时,润滑油应加在_____。

A. 链条和链轮啮合处　　B. 链条的紧边上　　C. 链条的松边上　　D. 任意位置均可

9-23 为了降低链传动的动载荷,在节距和小链轮齿数一定时,应限制_____。

A. 小链轮的转速　　B. 传递的功率　　　C. 传递的圆周力　　D. 传动比

9-24 链条因为静强度不够而被拉断的事故,多发生在_____的情况下。

A. 低速重载　　　　B. 高速重载　　　　C. 高速轻载　　　　D. 低速轻载

9-25 设计链传动时,链长节数一般取偶数,是为了_____。

A. 保证传动比恒定　　B. 链传动磨损均匀　　C. 接头方便　　　　D. 不容易脱链

4. 简答题

9-26 链传动的可能失效形式有哪些?

9-27 为什么小链轮齿数不宜过多或过少?

9-28 滚子链的接头形式有哪些?

9-29 与带传动相比,链传动有何优缺点?

9-30 链传动的中心距过大或过小对传动有何不利? 一般取为多少?

5. 计算分析题

9-31 已知链条节距 $p=12.7$ mm,主动链轮转速 $n_1=960$ r/min,主动链轮分度圆直径 $d_1=77.159$ mm,求平均链速 v。

9-32 单列滚子链传动,已知需传递的功率 $P=1.5$ kW,主动链轮转速 $n_1=150$ r/min,从动轮转速 $n_2=50$ r/min,中心距 $a\approx820$ mm,水平传动,链速 $v\leqslant0.6$ m/s,静强度安全系数 $S=7$,电动机驱动,取工况系数 $K_A=1.2$。试选择链节距 p,求链的长度(以链节数表示),链轮齿数 z_1、z_2 及链轮节圆直径。

参 考 答 案

1. 名词解释

9-1 当主动链轮匀速转动时,链条的速度、从动链轮的角速度以及链传动的瞬时传动比都是周期性变化的运动特性,称为链传动的运动不均匀性。因其由多边形特点造成,故又称为链传动的多边形效应。

9-2 传动链是用于传递运动和动力的链。

2. 填空题

9-3 滚子　齿形

9-4 节距　多　小

9-5 奇　弯曲应力

9-6 功率　较小

9-7 接头方便　磨损均匀

9-8 松　紧　链条不能顺利啮出而咬死　上　下　松边垂度过大,松、紧边相互摩擦

9-9 小　多　大　单

9-10 高　大

3. 选择题

9-11 A;　**9-12** C;　**9-13** C;　**9-14** D;　**9-15** C;　**9-16** A;　**9-17** A;　**9-18** B;
9-19 B;　**9-20** C;　**9-21** A;　**9-22** C;　**9-23** A;　**9-24** A;　**9-25** C

4. 简答题

9-26 答　① 铰链元件由于疲劳强度不足而破坏;② 铰链销轴磨损使链节距过度伸长,破坏正确啮合和造成脱链现象;③ 润滑不当或转速过高时,销轴和套筒表面发生胶合破坏;④ 经常启动、反转、制动的链传动,由于过载造成冲击破断;⑤ 低速重载的链传动发生静拉断。

9-27 答　小链轮齿数传动的平稳性和使用寿命有较大的影响。齿数少可减小外廓尺寸,但齿数过少,将会导致:① 传动不均匀性和动载荷增大;② 链条进入和退出啮合时,链节间的相对转角增大,使铰链的磨损加剧;③ 链传动的圆周力增大,加速链条和链轮的损坏。

9-28 答　当链节数为偶数时,接头处可用开口销或弹簧卡片来固定,一般前者用于大节距,后者用于小节距;当链节数为奇数时,需采用过渡链节。由于过渡链节的链板要受到附加弯矩的作用,所以在一般情况下最好不用奇数链节。

9-29 答　链传动是带有中间挠性件的啮合传动。与带传动相比,链传动无弹性滑动和打滑现象,因而能保持准确的平均传动比,传动效率较高;又因链条不需要像带那样张得很紧,所以作用于轴上的径向压力较小;在同样使用条件下,链传动结构较为紧凑。同时链传动能用于高温、易燃场合。

9-30 答　中心距过小,链速不变时,单位时间内链条绕转次数增多,链条屈伸次数和应力循环次数增多,因而加剧了链的磨损和疲劳。同时,由于中心距小,链条在小链轮上的包角变小,在包角范围内,每个轮齿所受的载荷增大,且易出现跳齿和脱链现象;中心距太大,会引起从动边垂度过大。一般初选中心距 $a_0 = (30-50)p$,p 为节距。

5. 计算分析题

9-31 解　根据

$$d_1 = \frac{p}{\sin\frac{180°}{z_1}} = 77.195 \text{ mm}$$

$$\frac{180°}{z_1} = \arcsin\frac{p}{d_1} = \arcsin\frac{12.7}{77.159} = 9.473\ 7°$$

得到
$$z_1 = \frac{180°}{9.473\ 7°} = 19$$

平均链速为
$$v = \frac{n_1 z_1 p}{60 \times 1\ 000} = \frac{960 \times 19 \times 12.7}{60\ 000}\ \text{m/s} = 3.86\ \text{m/s}$$

9-32 解 （1）选择链节距 p。

链的工作拉力为
$$F_e = \frac{1\ 000P}{v} = \frac{1\ 000 \times 1.5}{0.6}\ \text{N} = 2\ 500\ \text{N}$$

初步选用 10A 型滚子链,其链节距 $p = 15.875\ \text{mm}$,每米质量（单排）$q = 1\ \text{kg/m}$。极限拉伸载荷（单排）$Q = 21.8\ \text{kN}$。

离心拉力为
$$F_c = qv^2 = 1 \times 0.6^2\ \text{N} = 0.36\ \text{N}$$

悬垂拉力为
$$F_f = K_f qag = 6 \times 1 \times 0.82 \times 9.8\ \text{N} = 48.22\ \text{N}$$

紧边总拉力为
$$F_1 = F_e + F_c + F_f = (2\ 500 + 0.36 + 48.22)\ \text{N} = 2\ 548.58\ \text{N}$$

按链的静强度校核公式可得链的极限拉伸载荷（单列链 $n = 1$）为
$$Q_n = nQ = Q = SK_A F_1 = (7 \times 1.2 \times 2\ 548.58)\ \text{kN} = 21.408\ \text{kN} < 21.8\ \text{kN}$$

选用 10A 型滚子链是合适的。

（2）求大、小链轮的齿数。

由
$$v = \frac{z_1 p n_1}{60 \times 1\ 000}$$

得
$$z_1 = \frac{v \times 60 \times 1\ 000}{p n_1} = \frac{0.6 \times 60 \times 1\ 000}{15.875 \times 150} = 15.12$$

取
$$z_1 = 15$$

大链轮的齿数为
$$z_2 = \frac{n_1}{n_2} z_1 = \frac{150}{50} \times 15 = 45$$

链速为
$$v = \frac{z_1 n_1 p}{60 \times 1\ 000} = \frac{15 \times 150 \times 15.875}{60 \times 1\ 000}\ \text{m/s} = 0.595\ \text{m/s} < 0.6\ \text{m/s}$$

校核安全系数。

因
$$F_e = \frac{1\ 000 \times 1.5}{0.595}\ \text{N} = 2\ 521\ \text{N}$$

$$F_c = 1 \times 0.595^2\ \text{N} = 0.354\ \text{N}$$

$$F_f = 48.22\ \text{N}$$

$$F_1 = F_e + F_c + F_f = (2\ 521 + 0.354 + 48.22)\ \text{N} = 2\ 569.574\ \text{N}$$

故静强度安全系数,由 $Q = 21.8\ \text{kN}$ 得
$$S = \frac{Q}{K_A F_1} = \frac{21\ 800}{1.2 \times 2\ 569.574} = 7.07 > 7$$

故选用 10A 型滚子链是合理的。

（3）求大、小链轮的节圆直径。

小链轮的节圆直径为

$$d'_1 = \frac{p}{\sin\frac{180°}{z_1}} = \frac{15.875}{\sin\frac{180°}{15}} = 76.36 \text{ mm}$$

大链轮的节圆直径为

$$d'_2 = \frac{p}{\sin\frac{180°}{z_2}} = \frac{15.875}{\sin\frac{180°}{45}} = 227.57 \text{ mm}$$

（4）计算链节数 L_p。有

$$L_p = 2\frac{a}{p} + \frac{z_1+z_2}{2} + \left(\frac{z_2+z_1}{a\pi}\right)^2 \frac{p}{a} = 2\times\frac{820}{15.875} + \frac{15+45}{2} + \left(\frac{45-15}{2\pi}\right)^2 \times\frac{15.875}{820}$$

$$= 133.75$$

取 $\qquad\qquad\qquad\qquad\qquad L_p = 134$

第 10 章 齿 轮 传 动

习 题

1. 名词解释
10-1 点蚀

10-2 开式齿轮传动

2. 填空题
10-3 常见的齿轮失效形式有_____、_____、_____、_____。

10-4 在进行直齿圆柱齿轮接触强度计算时,取_____处的接触应力为计算依据,其载荷由_____对轮齿承担。

10-5 在闭式齿轮传动中,当齿轮的齿面硬度小于 350HBS 时,通常首先出现_____破坏,应首先按_____强度进行设计,但当齿面硬度大于 350HBS 时,则易出现_____破坏,应首先按_____强度进行设计。

10-6 在圆柱齿轮传动中,齿轮分度圆直径 d_1 不变而减小模数 m,对轮齿的弯曲强度、接触强度及传动平稳性的影响分别为_____、_____、_____。

10-7 在圆柱齿轮传动设计中,中心距 a 及其他条件不变,而增大模数 m,则其齿面接触应力_____,齿根弯曲应力_____,重合度_____。

10-8 对于开式齿轮传动,虽然主要失效形式是_____,但通常只按_____强度计算。这时影响齿轮强度的主要几何参数是_____。

10-9 在齿轮传动中,齿面疲劳点蚀是由于_____的反复作用而产生的,点蚀通常首先出现在_____。

10-10 齿轮设计中,对于闭式软齿面传动,直径 d_1 一定,一般 z_1 要选得_____些;对于闭式硬齿面传动,则取_____的齿数 z_1,以使_____增大,提高轮齿的弯曲疲劳强度;对于开式齿轮传动,一般 z_1 选得_____些。

10-11 减小齿轮内部动载荷的措施有_____、_____、_____。

10-12 斜齿圆柱齿轮的齿形系数 Y_{Fa} 与齿轮的参数_____、_____ 和_____ 有关;而与_____无关。

10-13 影响齿轮齿面接触应力 σ_H 的主要几何参数是_____和_____;而影响其极限接触应力 σ_{Hlim} 的主要因素是_____和_____。

10-14 一对直齿圆柱齿轮,若齿面接触强度已足够,而齿根弯曲强度不足,则可采用_____,_____,_____等措施来提高弯曲疲劳强度。

10-15 在材料、热处理及几何参数均相同的直齿圆柱、斜齿圆柱和直齿圆锥三种齿轮传动中,承载能力最高的是_____传动,承载能力最低的是_____传动。

10-16 齿轮传动的润滑方式主要根据齿轮的_____选择。闭式齿轮传动采用油浴润滑时的油量主要根据_____确定。

10-17 在齿轮传动中,若一对齿轮采用软齿面,则小齿轮的材料硬度应比大齿轮的材料硬度高_____ HBS。

10-18 渗碳淬火硬齿面齿轮一般需经过_____加工。

3. 选择题

10-19 一般开式齿轮传动的主要失效形式是_____。

A. 齿面胶合 B. 齿面疲劳点蚀

C. 齿面磨损或轮齿疲劳折断 D. 轮齿塑性变形

10-20 高速重载齿轮传动,当润滑不良时,最可能出现的失效形式是_____。

A. 齿面胶合 B. 齿面疲劳点蚀 C. 齿面磨损 D. 轮齿疲劳折断

10-21 45 钢齿轮,经调质处理后其硬度值为_____。

A. 45～50 HRC B. 220～270 HBS C. 160～180 HBS D. 320～350 HBS

10-22 齿面硬度为 56～62HRC 的合金钢齿轮的加工工艺过程为_____。

A. 齿坯加工、淬火、磨齿、滚齿 B. 齿坯加工、淬火、滚齿、磨齿

C. 齿坯加工、滚齿、渗碳淬火、磨齿 C. 齿坯加工、滚齿、磨齿、淬火

10-23 齿轮采用渗碳淬火热处理方法加工,则齿轮材料只可能是_____。

A. 45 钢 B. ZG340-640 C. 40Cr 钢 D. 20CrMnTi 钢

10-24 齿轮传动中齿面的非扩展性点蚀一般出现在_____。

A. 跑合阶段 B. 稳定性磨损阶段 C. 剧烈磨损阶段 D. 齿面磨料磨损阶段

10-25 对于软齿面的闭式齿轮传动,其主要失效形式为_____。

A. 轮齿疲劳折断 B. 齿面磨损 C. 齿面疲劳点蚀 D. 齿面胶合

10-26 齿轮的齿面疲劳点蚀经常发生在_____。

A. 靠近齿顶处 B. 靠近齿根处

C. 节线附近的齿顶一侧 D. 节线附近的齿根一侧

10-27 一对 45 钢调质齿轮,过早地发生齿面点蚀,更换时可用_____的齿轮代替。

A. 40Cr 调质 B. 适当增大模数 m C. 45 钢齿面高频淬火 D. 铸钢 ZG310-570

10-28 一对齿轮传动,小轮材料为 40Cr 钢;大轮材料为 45 钢,则它们的接触应力_____。

A. $\sigma_{H1} = \sigma_{H2}$ B. $\sigma_{H1} < \sigma_{H2}$ C. $\sigma_{H1} > \sigma_{H2}$ D. $\sigma_{H1} \leqslant \sigma_{H2}$

10-29 其他条件不变,将齿轮传动的载荷增为原来的 4 倍,其齿面接触应力_____。

A. 不变 B. 增为原应力的 2 倍

C. 增为原应力的 4 倍 D. 增为原应力的 16 倍

10-30 一对标准直齿圆柱齿轮,$z_1 = 21$,$z_2 = 63$,则这对齿轮的弯曲应力_____。

A. $\sigma_{F1} > \sigma_{F2}$ B. $\sigma_{F1} < \sigma_{F2}$ C. $\sigma_{F1} = \sigma_{F2}$ D. $\sigma_{F1} \leqslant \sigma_{F2}$

10-31 设计齿轮传动时,若保持传动比 i 和齿数和 $z_\Sigma = z_1 + z_2$ 不变,而增大模数 m,则齿轮的_____。

A. 弯曲强度提高,接触强度提高 B. 弯曲强度不变,接触强度提高

C. 弯曲强度与接触强度均不变 D. 弯曲强度提高,接触强度不变

10-32 在下面的各种方法中,_____不能提高齿轮传动的齿面接触疲劳强度。

A. 直径 d 不变而增大模数 B. 改善材料

C. 增大齿宽 b D. 增大齿数以增大 d

10-33 在下面的各种方法中,_____不能增加齿轮轮齿的弯曲疲劳强度。

A. 直径不变增大模数 B. 齿轮负变位 C. 由调质改为淬火 D. 适当增加齿宽

10-34　在圆柱齿轮传动中,轮齿的齿面接触疲劳强度主要取决于_____。

A. 模数　　　　　　B. 齿数　　　　　　C. 中心距　　　　　　D. 压力角

10-35　圆柱齿轮传动的中心距不变,减小模数、增加齿数,可以_____。

A. 提高齿轮的弯曲强度　　　　　　B. 提高齿面的接触强度

C. 改善齿轮传动的平稳性　　　　　　D. 减少齿轮的塑性变形

10-36　轮齿弯曲强度计算中的齿形系数 Y_{Fa} 与_____无关。

A. 齿数 z　　　　　B. 变位系数 x　　　　　C. 模数 m　　　　　D. 斜齿轮的螺旋角 β

10-37　现有两个标准直齿圆柱齿轮,齿轮 1: $m_1 = 3$ mm、$z_1 = 25$,齿轮 2: $m_2 = 4$ mm、$z_2 = 48$,则它们的齿形系数_____。

A. $Y_{Fa1} > Y_{Fa2}$　　　B. $Y_{Fa1} < Y_{Fa2}$　　　C. $Y_{Fa1} = Y_{Fa2}$　　　D. $Y_{Fa1} \leqslant Y_{Fa2}$

10-38　计算一对直齿圆柱齿轮的弯曲疲劳强度时,若齿形系数、应力修正系数和许用应力均不相同,则应以_____为计算依据。

A. $[\sigma_F]$ 较小者　　B. $Y_{Fa}Y_{Sa}$ 较大者　　C. $\dfrac{[\sigma_F]}{Y_{Fa}Y_{Sa}}$ 较小者　　D. $\dfrac{[\sigma_F]}{Y_{Fa}Y_{Sa}}$ 较大者

10-39　在下列措施中,_____可以降低齿轮传动的齿面载荷分布系数 K_β。

A. 降低齿面粗糙度　　B. 提高轴系刚度　　C. 增加齿轮宽度　　D. 增大端面重合度

10-40　对于齿面硬度小于等于 350HBS 的齿轮传动,若大、小齿轮均采用 45 钢,一般采取的热处理方式为_____。

A. 小齿轮淬火,大齿轮调质　　　　　　B. 小齿轮淬火,大齿轮正火

C. 小齿轮调质,大齿轮正火　　　　　　D. 小齿轮正火,大齿轮调质

10-41　一对圆柱齿轮,常把小齿轮的宽度做得比大齿轮宽些,是为了_____。

A. 使传动平稳　　　　　　B. 提高传动效率

C. 提高小轮的接触强度和弯曲强度　　　　　　D. 便于安装,保证接触线长

10-42　锥齿轮的接触疲劳强度按当量圆柱齿轮的公式计算,当量齿轮的齿数、模数是锥齿轮的_____。

A. 实际齿数,大端模数　　　　　　B. 当量齿数,平均模数

C. 当量齿数,大端模数　　　　　　D. 实际齿数,平均模数

10-43　锥齿轮的弯曲疲劳强度计算是按_____上齿形相同的当量圆柱齿轮进行的。

A. 大端分度圆锥　　　　　　B. 大端背锥

C. 齿宽中点处分度圆锥　　　　　　D. 齿宽中点处背锥

10-44　选择齿轮的精度等级时主要依据_____。

A. 传动功率　　　　　B. 载荷性质　　　　　C. 使用寿命　　　　　D. 圆周速度

10-45　一对标准渐开线圆柱齿轮要正确啮合时,它们的_____必须相等。

A. 直径　　　　　　B. 模数　　　　　　C. 齿宽　　　　　　D. 齿数

10-46　在设计闭式硬齿面传动中,当直径一定时应取较少的齿数,而增大模数以_____。

A. 提高齿面接触强度　　　　　　B. 提高轮齿的抗弯曲疲劳强度

C. 减少加工切削量,提高生产率　　　　　　D. 提高抗塑性变形能力

10-47　轮齿弯曲强度计算中齿形系数与_____无关。

A. 齿数　　　　　B. 变位系数　　　　　C. 模数　　　　　D. 斜齿轮的螺旋角

10-48　齿轮传动在以下几种工况中_____的齿宽系数可取大些。

A. 悬臂布置　　　　B. 不对称布置　　　　C. 对称布置　　　　D. 同轴式减速器布置

10-49 直齿锥齿轮强度计算时,是以_____为计算依据的。

A. 大端当量直齿锥齿轮　　　　　　　　B. 齿宽中点处的直齿圆柱齿轮

C. 齿宽中点处的当量直齿圆柱齿轮　　　D. 小端当量直齿锥齿轮

4. 简答题

10-50 在不改变材料和尺寸的情况下,如何提高轮齿的抗折断能力?

10-51 为什么齿面点蚀一般首先发生在靠近节线的齿根面上?

10-52 如何提高齿面抗点蚀的能力?

10-53 在什么情况下工作的齿轮易出现胶合破坏? 如何提高齿面抗胶合能力?

10-54 闭式齿轮传动与开式齿轮传动的失效形式和设计准则有何不同?

10-55 在二级圆柱齿轮减速器中,一级为直齿轮,另一级为斜齿轮。试问斜齿轮传动应置于高速级还是低速级? 为什么? 在直齿锥齿轮和圆柱齿轮组成减速器中,锥齿轮传动应置于高速级还是低速级? 为什么?

10-56 一对齿轮传动,若按无限寿命考虑,如何判断其大小齿轮中哪个不易出现齿面点蚀? 哪个不易发生齿根弯曲疲劳折断?

10-57 在进行齿轮强度计算时,为什么要引入载荷系数 K?

10-58 齿轮传动的常用润滑方式有哪些? 润滑方式的选择主要取决于什么因素?

10-59 斜齿圆住齿轮传动中螺旋角 β 太小或太大会怎样? 应怎样取值?

10-60 为什么设计齿轮时,齿宽系数既不能太大,又不能太小?

5. 计算分析题

10-61 如图 10-1 所示的双级斜齿圆柱齿轮减速器,其高速级:$m_n=2$ mm,$z_1=22$,$z_2=95$,$\alpha_n=20°$,$a=120$,齿轮 1 为右旋;低速级:$m_n=3$ mm,$z_3=25$,$z_4=79$,$\alpha_n=20°$,$a=160$。主动轮转速 $n_1=960$ r/min,转向如图 10-1 所示,传递功率 $P=4$ kW,不计摩擦损失,试求:

(1) 标出各轮的转向和齿轮 2 的螺旋线方向;

(2) 合理确定齿轮 3、4 的螺旋线方向;

(3) 画出齿轮 2、3 所受的各个分力;

(4) 求出齿轮 3 所受 3 个分力的大小。

10-62 图10-2所示的为二级斜齿圆柱齿轮减速器和一对开式锥齿轮所组成的传动系

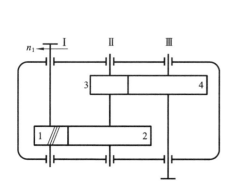

图 10-1　题 10-61 图

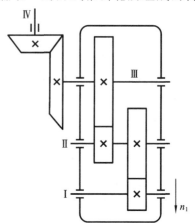

图 10-2　题 10-62 图

统。已知动力由轴 Ⅰ 输入,转动方向如图示,为使轴 Ⅱ 和轴 Ⅲ 的轴向力尽可能小,试确定减速器中各斜齿轮的轮齿旋向,并画出各对齿轮在啮合处的受力方向。

10-63 图 10-3 所示的为二级圆柱齿轮减速器,高速级和低速级均为标准斜齿轮传动。

已知:电动机功率 $P = 3$ kW;转速 $n = 970$ r/min;

高速级 $m_n = 2$ mm,$z_1 = 25$,$z_2 = 53$,$\beta_1 = 12°50'19''$;

低速级 $m_n = 3$ mm,$z_2 = 25$,$z_4 = 50$,$a = 110$ mm。

计算时不考虑摩擦的损失,求:

(1) 为使 Ⅱ 轴上的轴承所受轴向力较小,确定齿轮 3、4 的螺旋方向(可画在图上);

(2) 求齿轮 3 的分度圆螺旋角 β 的大小;

(3) 画出齿轮 3、4 在啮合点处所受各分力的方向(画在图上),计算齿轮 3 所受各分力的大小。

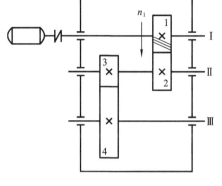

图 10-3 题 10-63 图

参 考 答 案

1. 名词解释

10-1 点蚀就是齿面材料在变化着的接触应力作用下,由于疲劳而产生的麻点状损伤现象。

10-2 开式齿轮转动是指没有设置防尘罩或机壳,齿轮完全暴露在外边的齿轮传动。

2. 填空题

10-3 轮齿折断 齿面点蚀 齿面磨损 齿面胶合 塑性变形

10-4 节点 一

10-5 齿面点蚀 齿面接触疲劳 轮齿折断 齿根弯曲疲劳

10-6 弯曲强度降低 接触强度不变 传动平稳性提高

10-7 不变 减小 减小

10-8 齿面磨损 弯曲疲劳 模数

10-9 接触应力 节线附近齿根一侧

10-10 大 较小 模数 较小

10-11 提高齿轮制造精度 降低工作速度 沿齿廓修形

10-12 齿数 螺旋角 变位系数 模数

10-13 分度圆直径 d 齿宽 b 齿轮材料种类 齿面硬度(热处理方式)

10-14 直径不变、增大模数、减少齿数 提高齿面硬度 采用正变位

10-15 斜齿圆柱齿轮 直齿锥齿轮

10-16 齿轮的圆周速度 传递功率

10-17 30～50

10-18 磨削

3. 选择题

10-19 C; **10-20** A; **10-21** B; **10-22** C; **10-23** D; **10-24** A; **10-25** C;

10-26 D; **10-27** C; **10-28** A; **10-29** B; **10-30** A; **10-31** A; **10-32** A;

10-33 B; **10-34** C; **10-35** C; **10-36** C; **10-37** A; **10-38** C; **10-39** B;

10-40 C; **10-41** C; **10-42** B; **10-43** D; **10-44** D; **10-45** B; **10-46** B;

10-47 C; **10-48** C; **10-49** C

4. 简答题

10-50　答　可采取的措施如下:① 减小齿根应力集中;② 增大轴及支承刚度;③ 采用适当的热处理方法提高齿心的韧度;④ 对齿根表层进行强化处理。

10-51　答　当轮齿在靠近节线处啮合时,由于相对滑动速度低,形成油膜的条件差,润滑不良,摩擦力较大,特别是直齿轮传动,通常这时只有一对齿啮合,轮齿受力也最大,因此,点蚀也就首先出现在靠近节线的齿根面上。

10-52　答　可采取的措施如下:① 提高齿面硬度和降低表面粗糙度;② 在许用范围内采用大的变位系数,以增大综合曲率半径;③ 采用黏度高的润滑油;④ 减小动载荷。

10-53　答　高速重载或低速重载的齿轮传动易发生胶合失效。措施如下:① 采用角度变位以降低啮合开始和终了时的滑动系数;② 减小模数和齿高以降低滑动速度;③ 采用极压润滑油;④ 齿轮副采用抗胶合性能好的材料制度;⑤ 使大小齿轮保持硬度差;⑥ 提高齿面硬度,降低表面粗糙度。

10-54　答　对于闭式齿轮传动,主要失效形式为齿面点蚀、轮齿折断和胶合。目前一般只进行接触疲劳强度和弯曲疲劳强度计算。对于开式齿轮传动,主要失效形式为轮齿折断和齿面磨损,磨损尚无完善的计算方法,故目前只进行弯曲疲劳强度计算,通常用适当增大模数的办法来减小磨损的影响。

10-55　答　在二级圆柱齿轮传动中,斜齿轮传动放在高速级,直齿轮传动放在低速级。其原因有三点:① 斜齿轮传动工作平稳,在与直齿轮精度等级相同时允许更高的圆周速度,更适于高速;② 将工作平稳的传动放在高速级,对下级的影响较小,如将工作不很平稳的直齿轮传动放在高速级,则斜齿轮传动也不会平稳;③ 斜齿轮传动有轴向力,放在高速级轴向力较小,因为高速级的转矩较小。

在锥齿轮和斜齿轮组成的二级减速器中,将锥齿轮传动一般应放在高速级。其原因是,低速级的转矩较大,齿轮的尺寸和模数较大。当锥齿轮的锥距 R 和模数 m 大时,加工困难,制造成本提高。

10-56　答　一对齿轮的接触应力相等,哪个齿轮首先出现点蚀,取决于它们的许用接触应力 $[\sigma_H]$,其中较小者容易出现齿面点蚀。通常,小齿轮的硬度较大,极限应力 σ_{lim} 较大,按无限寿命设计,小齿轮的许用接触应力 $[\sigma_H]_1$ 较大,不易出现齿面点蚀。

判断哪个齿轮先发生齿根弯曲疲劳折断,即比较两轮的弯曲疲劳强度,要比较两个齿轮的 $\dfrac{Y_{Fa1}Y_{Sa1}}{[\sigma_F]_1}$ 和 $\dfrac{Y_{Fa2}Y_{Sa2}}{[\sigma_F]_2}$,其比值较小者弯曲强度较高,不易发生轮齿疲劳折断。

10-57　答　在实际传动中,原动机及工作机性能的影响,以及齿轮的制造误差,特别是基节误差和齿形误差的影响,会使法向载荷增大。此外在同时啮合的齿对间,载荷的分配并不是均匀的,即使在一对齿上,载荷也不可能沿接触线均匀分布。因此实际载荷比名义载荷大,用载荷系数 K 计入其影响。

10-58　答　齿轮的常用润滑方式有:人工定期加油、浸油润滑和喷油润滑。润滑方式的选择主要取决于齿轮圆周速度的大小。

10-59　答　螺旋角太小,没有发挥斜齿圆柱齿轮传动与直齿圆柱齿轮传动相对优越性,即传动平稳和承载能力大。螺旋角 β 越大,齿轮传动的平稳性和承载能力越高。但 β 值太大,会引起轴向力太大,增大了轴和轴承的载荷。故 β 值选取要适当。通常 β 要求在 $8° \sim 25°$ 范围内选取。

10-60　答　齿宽系数过大将导致载荷沿齿宽方向分布不均匀性严重;相反若齿宽系数过小,轮齿承载能力减小,这将使分度圆直径增大。

5. 计算分析题

10-61　解　一对斜齿轮旋向相反,轮 1 右旋,轮 2 左旋;为使轮 3 轴向力与轮 2 反向,轮 3 左旋、轮 4 右旋;为求轮 3 的分力,先求 T_3 和 β_3。

(1) 各轮的转向和轮 2 的螺旋线方向如图 10-4 所示。

(2) 轮 3 为左旋、轮 4 为右旋,如图 10-4 所示。

(3) 齿轮 2、3 所受的各个分力如图 10-4 所示。

(4) 求齿轮 3 所受分力。

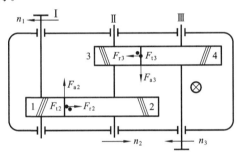

图 10-4　题 10-61 解图

$$n_3 = n_2 = \frac{n_1}{i_{12}} = \frac{n_1 z_1}{z_2} = \frac{960 \times 22}{95} \ \text{r/min} = 222.3 \ \text{r/min}$$

$$T_3 = T_2 = 9\,550 \frac{P}{n_3} = 9\,550 \times \frac{4}{222.3} \ \text{N·m} = 171.84 \ \text{N·m}$$

$$\cos\beta_3 = \frac{m_n(z_3 + z_4)}{2a} = \frac{3 \times (25 + 79)}{2 \times 160} = 0.975, \quad \beta_3 = 12.838\,6°$$

$$d_3 = \frac{m_{n3} z_3}{\cos\beta_3} = \frac{3 \times 25}{0.975} \ \text{mm} = 76.923 \ \text{mm}$$

$$F_{t3} = \frac{2T_3}{d_3} = \frac{2 \times 171.84 \times 10^3}{76.923} \ \text{N} = 4\,467.84 \ \text{N}$$

$$F_{a3} = F_{t3} \tan\beta = 4\,467.84 \times \tan 12.838\,6° = 1\,018.23 \ \text{N}$$

$$F_{r3} = F_{t3} \tan\alpha_n / \cos\beta_3 = 4\,467.84 \times \tan 20° / \cos 12.838\,6° = 1\,667.86 \ \text{N}$$

10-62　解　(1) 各斜齿轮的轮齿旋向如图 10-5(a)所示,z_3 右旋,z_4 左旋,z_5 左旋,z_6 右旋。

(2) 各齿轮在啮合处的受力如图 10-5(b)所示。

10-63　解　(1) 齿轮 3 左旋,齿轮 4 右旋;

$$a = \frac{1}{2} \frac{m_n(z_1 + z_2)}{\cos\beta}$$

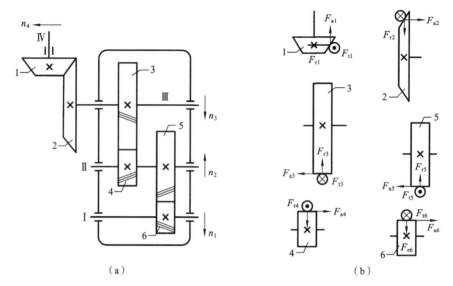

（a）　　　　　　　　　　　　　　　（b）

图 10-5　题 10-62 解图

（2）
$$\cos\beta_3=\frac{m_n(z_1+z_2)}{2a}=\frac{3\times(22+50)}{2\times110}=0.981\,8$$
$$\beta_3=10°56'33''$$

（3）齿轮 3、4 在啮合点处所受分力的方向如图 10-6 所示。

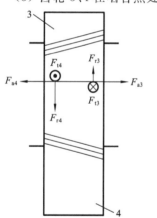

齿轮 3 所受各分力为

$$T_3=9\,550\,000\times\frac{P}{n}\frac{z_2}{z_1}=9\,550\,000\times\frac{3}{970}\times\frac{53}{25}\ \text{N·mm}$$
$$=62\,616.5\ \text{N·mm}$$
$$F_{t3}=\frac{2T_3}{d_3}=\frac{2T_3\cos\beta_3}{m_n z_3}\approx1\,862\ \text{N}$$
$$F_{a3}=F_{t3}\tan\beta_3=1\,863\tan10°56'33''\approx360\ \text{N}$$
$$F_{r3}=F_{t3}\tan a_n/\cos\beta_3\approx390.7\ \text{N}$$

图 10-6　题 10-63 解图

第 11 章 蜗 杆 传 动

习 题

1. 名词解释

11-1 蜗杆直径系数

11-2 蜗杆传动

2. 填空题

11-3 蜗杆传动中,主要的失效形式为 _____、_____、_____ 和 _____,常发生在 _____ 上。

11-4 在普通圆柱蜗杆传动中,右旋蜗杆与 _____ 旋蜗轮配合才能正确啮合,蜗杆的模数和压力角在 _____ 面上的数值定为标准。

11-5 蜗杆传动比 $i = z_2/z_1$ 与 d_2/d_1 _____ 等。为获得较高的传动效率,蜗杆螺旋升角又应具有较 _____ 值,在已确定蜗杆头数的情况下,其直径系数 q 应选取 _____ 值。

11-6 有一标准普通圆柱蜗杆传动,已知 $z_1 = 2$,$q = 8$,$z_2 = 42$,中间平面上模数 $m = 8$ mm,压力角 $\alpha = 20°$,蜗杆为左旋,则蜗杆分度圆直径 $d_1 =$ _____ mm,传动中心距 $a =$ _____ mm,传动比 $i =$ _____。蜗杆分度圆柱上的螺旋线升角 $\gamma =$ _____,蜗轮分度圆上的螺旋角 $\beta =$ _____,蜗轮为 _____ 旋。

11-7 限制蜗杆的直径系数 q 是为了 _____。

11-8 闭式蜗杆传动的功率损耗,一般包括三个部分:_____、_____ 和 _____。

11-9 在蜗杆传动中,蜗杆头数越少,则传动效率越 _____,自锁性越 _____。一般蜗杆头数取 _____。

11-10 为了提高蜗杆的刚度,应采用 _____ 的直径系数 q。

11-11 蜗杆传动时蜗杆的螺旋线方向应与蜗轮螺旋线方向 _____;蜗杆的 _____ 角应等于蜗轮的螺旋角。

11-12 阿基米德蜗杆传动在中间平面相当于 _____ 与 _____ 相啮合。

11-13 蜗杆传动设计中,通常选择蜗轮齿数 $z_2 > 26$ 是为了 _____,$z_2 < 80$ 是为了防止 _____ 或 _____。

3. 选择题

11-14 与齿轮传动相比,_____ 不能作为蜗杆传动的优点。

A. 传动平稳、噪声小 B. 传动比可以较大 C. 可产生自锁 D. 传动效率高

11-15 在标准蜗杆传动中,蜗杆头数 z_1 一定时,增大蜗杆直径系数 q,将使传动效率 _____。

A. 提高 B. 减小 C. 不变 D. 增大也可能减小

11-16 在蜗杆传动中,当其他条件相同时,增加蜗杆头数 z_1,则传动效率 _____。

A. 降低 B. 提高 C. 不变 D. 或提高也可能降低

11-17 蜗杆直径系数 $q=$ _____。

A. d_1/m B. $d_1 m$ C. a/d D. a/m

11-18 在蜗杆传动设计中,蜗杆头数 z_1 选多一些,则_____。

A. 有利于蜗杆加工   B. 有利于提高蜗杆刚度

C. 有利于提高传动的承载能力   D. 有利于提高传动效率

11-19 蜗杆直径系数 q 的标准化,是为了_____。

A. 保证蜗杆有足够的刚度   B. 减少加工时蜗轮滚刀的数目

C. 提高蜗杆传动的效率   D. 减小蜗杆的直径

11-20 蜗杆常用材料的牌号是_____。

A. HT150   B. ZCuSn10Pl   C. 45   D. GCr15

11-21 采用变位蜗杆传动时_____。

A. 仅对蜗杆进行变位   B. 仅对蜗轮变位

C. 必须同时对蜗杆与蜗轮进行变位   D. 都不变位

11-22 提高蜗杆传动效率的主要措施是_____。

A. 增大模数 m B. 增加蜗轮齿数 z_2

C. 增加蜗杆头数 z_1 D. 增大蜗杆的直径系数 q

11-23 对蜗杆传动进行热平衡计算,其主要目的是防止温升过高导致_____。

A. 材料的力学性能下降   B. 润滑油变质

C. 蜗杆热变形过大   D. 润滑条件恶化而产生胶合失效

11-24 蜗杆传动的当量摩擦因数 μ_v 随齿面相对滑动速度的增大而_____。

A. 增大   B. 不变   C. 减小   D. 可能增大也可能减小

11-25 闭式蜗杆传动的主要失效形式是_____。

A. 蜗杆断裂   B. 蜗轮轮齿折断   C. 胶合、疲劳点蚀   D. 磨粒磨损

11-26 动力传动蜗杆传动的传动比的范围通常为_____。

A. 小于 1   B. $1\sim80$ C. $8\sim80$ D. 大于 80

11-27 起吊重物用的手动蜗杆传动,宜采用_____的蜗杆。

A. 单头、小导程角   B. 单头、大导程角

C. 多头、小导程角   D. 多头、大导程角

11-28 在其他条件相同时,若增加蜗杆头数,则滑动速度_____。

A. 增加   B. 不变   C. 减小   D. 可能增加也可能减小

4. 简答题

11-29 按加工工艺方法不同,圆柱蜗杆有哪些主要类型?各用什么代号表示?

11-30 蜗杆传动中,轮齿承载能力的计算主要是针对什么来进行的?

11-31 阿基米德蜗杆与蜗轮正确啮合的条件是什么?

11-32 为什么连续传动的闭式蜗杆传动必须进行热平衡计算?

11-33 如何确定闭式蜗杆传动的给油方法和润滑油黏度?

5. 计算分析题

11-34 某电梯传动装置中采用蜗杆传动,如图 11-1 所示,电动机功率 $P=10$ kW,转速 $n_1=970$ r/min,蜗杆传动参数 $z_1=2$,$z_2=60$,$q=8$,$\eta=0.8$,$m=8$,右旋蜗杆。

(1)电梯上升时,标出电动机转向;

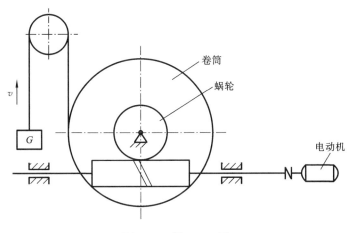

图 11-1　题 11-34 图

（2）标出蜗杆所受各力的方向；

（3）计算蜗轮所受各力大小。

11-35　如图 11-2 所示的蜗杆起重装置。已知蜗杆头数 $z_1=1$，模数 $m=5$ mm，分度圆直径 $d_1=50$ mm，传动效率 $\eta=0.30$，卷筒直径 $D=300$ mm，起重重量 $G=6\ 000$ N，作用在手柄的力 $F=250$ N，手柄半径 $l=200$ mm。试确定：

（1）该蜗轮齿数 z_2；

（2）蜗杆所受轴向力 F_{a1} 的大小及方向；

（3）起升重物时手柄的转向。

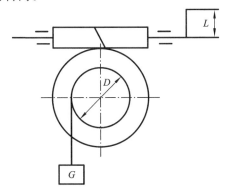

图 11-2　题 11-35 图

参 考 答 案

1. 名词解释

11-1. 蜗杆直径系数是一个将蜗杆分度圆直径 d_1 限制为标准值的参数：$q=d_1/m$。

11-2. 蜗杆传动是用来传递空间交错轴之间的运动和动力的一种传动机构。

2. 填空题

11-3　点蚀　齿根折断　齿面胶合　过度磨损　蜗轮

11-4　右旋　中间平面

11-5　不相等　大　标准

11-6　64　200　21　14.036°　14.036°　左

11-7　蜗轮滚刀的数目

11-8　啮合摩擦损耗　轴承摩擦损耗　溅油损耗

11-9　低　好　1、2、4、6

11-10　较大

11-11　相同　导程

11-12　齿轮　齿条

11-13　增多传动平稳性　削弱轮齿的弯曲强度　降低蜗杆的弯曲强度

3. 选择题

11-14　D；**11-15**　B；**11-16**　B；**11-17**　A；**11-18**　D；**11-19**　B；**11-20**　C；
11-21　B；**11-22**　C；**11-23**　D；**11-24**　C；**11-25**　C；**11-26**　C；**11-27**　A；
11-28　A

4. 简答题

11-29　答　阿基米德蜗杆(ZA 蜗杆)、渐开线蜗杆(ZI 蜗杆)、法向直廓蜗杆(ZN 蜗杆)、锥面包络蜗杆(ZK 蜗杆)。

11-30　答　主要是针对蜗轮齿面接触强度和齿根抗弯曲强度进行的。

11-31　答　① 蜗杆的轴向模数 m_{a1} 等于蜗轮的端面模数 m_{t2} 且等于标准模数；② 杆的轴向压力角 α_{a1} 等于蜗轮的端面压力角 α_{t2} 且等于标准压力角；③ 蜗杆的导程角 γ 等于蜗轮的螺旋角 β，且均可用 γ 表示，方向相同。

11-32　答　蜗杆传动效率低，工作时发热量大。在闭式传动中，如果产生的热量不能及时散逸，则油温不断升高将使润滑油稀释，从而增大摩擦损失，甚至发生胶合。所以必须进行热平衡计算。

11-33　答　润滑油黏度及给油方法，一般应根据蜗杆传动的相对滑动速度及载荷类型来确定。

5. 计算分析题

11-34　解　(1)电动机转向箭头向上。

(2)蜗杆受各力方向如图 11-3 所示。

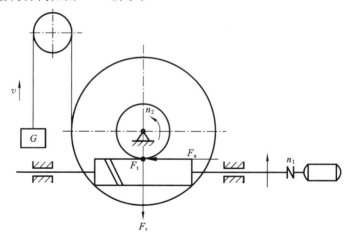

图 11-3　题 11-34 解图

$$T_1 = 9\,550\,000\,\frac{P}{n_1} = 9\,550\,000 \times \frac{10}{970}\ \text{N} \cdot \text{mm} = 98\,454\ \text{N} \cdot \text{mm}$$

(3)
$$F_{a2} = F_{t1} = \frac{2T_1}{mq} = \frac{2 \times 98\,454}{8 \times 8}\ \text{N} = 3\,077\ \text{N}$$

$$F_{t2} = \frac{2Ti_1}{mz_2} = \frac{2 \times 98\,454 \times 30}{8 \times 60}\ \text{N} = 12\,307\ \text{N}$$

$$F_{r2} = F_{t2} \cdot \tan\alpha = 12\,307 \tan 20° = 4\,479.4\ \text{N}$$

11-35　解　（1）计算蜗轮齿数 z_2

$$T_1 = Fl = 250 \times 200\ \text{N} \cdot \text{mm} = 50\,000\ \text{N} \cdot \text{mm}$$

$$T_2 = G\frac{D}{2} = 6\,000 \times \frac{300}{2}\ \text{N} \cdot \text{mm} = 90\,000\ \text{N} \cdot \text{mm}$$

$$T_2 = T_1 i \eta$$

所以
$$i = \frac{T_2}{T_1 \eta} = \frac{900\,000}{50\,000 \times 0.3} = 60$$

$$i = \frac{z_2}{z_1}$$

所以
$$z_2 = i z_1 = 60$$

（2）蜗杆所受轴向力

$$F_{a1} = -F_{t2} = \frac{2T_2}{d_2} = \frac{2 \times 900\,000}{5 \times 60}\ \text{N} = 6\,000\ \text{N}$$

F_{a1} 方向向左。

（3）手柄转向箭头向上（即从手柄端看为顺时针方向）。

第12章 滑动轴承

习 题

1. 名词解释

12-1 含油轴承

12-2 轴承合金

2. 填空题

12-3 滑动轴承按受载荷方向的不同,可分为_____和_____;根据滑动表面间润滑状态不同,可分为_____和_____。按承载机理的不同,又可分为_____和_____。

12-4 影响润滑油黏度的主要因素有_____和_____。

12-5 选择滑动轴承的润滑油时,对于液体摩擦轴承,主要考虑润滑油的_____;对于非液体摩擦滑动轴承,主要考虑润滑油的_____。

12-6 非液体摩擦滑动轴承的主要失效形式是_____和_____。防止滑动轴承发生胶合的根本问题在于_____。

12-7 非液体摩擦滑动轴承工作能力的验算项目为_____,_____,_____。

12-8 设计非液体摩擦滑动轴承时,验算 $p \leqslant [p]$ 是为了防止_____;验算 $pv \leqslant [pv]$ 是为了防止_____。

12-9 滑动轴承的相对间隙是_____与_____之比,偏心率 ε 是_____与_____之比。

12-10 在滑动轴承中,润滑油的端泄量与轴承的_____、_____及油压有关。

12-11 液体摩擦动压滑动轴承的轴瓦上的油孔、油沟的位置应开在_____。

3. 选择题

12-12 巴氏合金用来制造_____。

A. 单层金属轴瓦 B. 双层或多层金属轴瓦 C. 含油轴承轴瓦 D. 非金属轴瓦

12-13 下列各牌号的材料中,可作为滑动轴承衬使用的是_____。

A. ZchSnSb8-4 B. 38SiMnMo C. GCr15 D. HT200

12-14 在非液体摩擦滑动轴承设计中,限制 pv 值的主要目的是_____。

A. 防止轴承因过度发热而胶合 B. 防止轴承过度磨损

C. 防止轴承因发热而产生塑性变形 D. 防止轴承因发热而卡死

12-15 润滑油的主要性能指标是_____。

A. 黏性 B. 油性 C. 压缩性 D. 刚度

12-16 向心滑动轴承的偏心距 e 随着_____而减小。

A. 转速 n 增大或载荷 F 的增大 B. n 的减小或 F 的减小

C. n 的减小或 F 的增大 D. n 增大或 F 减小

12-17 设计动压向心滑动轴承时,若宽径比 B/d 取得较大,则_____。

A. 轴承端泄量大,承载能力高,温升高 B. 轴承端泄量大,承载能力高,温升低

C. 轴承端泄量小,承载能力高,温升低　　　　D. 轴承端泄量小,承载能力高,温升高

12-18 设计流体动压润滑轴承时,如其他条件不变,增大润滑油黏度,温升将_____。

A. 变小　　　　　B. 变大　　　　　C. 不变　　　　　D. 不会变大

12-19 设计动压式向心滑动轴承时,若发现最小油膜厚度 h_{min} 不够大,在下列改进措施中有效的是_____。

A. 减小轴承的宽径比 B/d　　　　　　　　B. 增多供油量

C. 减小相对间隙　　　　　　　　　　　　D. 换用黏度较低的润滑油

12-20 在动压滑动轴承能建立液体动压润滑的条件中,不必要的条件是_____。

A. 轴颈和轴瓦表面之间构成楔形间隙　　　　B. 轴颈和轴瓦表面之间有相对滑动

C. 充分供应润滑油　　　　　　　　　　　D. 润滑油温度不超过 50 ℃

12-21 由滑动轴承工作特性试验可以发现,随转速 n 的提高,摩擦因数 μ _____。

A. 不断增大　　　　　　　　　　　　　　B. 不断减小

C. 开始减小,进入液体润滑后有所增大　　　D. 开始增大,进入液体润滑后有所减小

12-22 液体动压滑动轴承需要足够的供油量,主要是为了_____。

A. 补充端泄油量　　B. 提高承载能力　　C. 提高轴承效率　　D. 减轻轴瓦磨损

12-23 一向心滑动轴承。直径间隙为 0.08 mm,现测得它的最小油膜厚度 $h_{min}=21\ \mu m$,轴承的偏心率 ε 应该是_____。

A. 0.26　　　　　B. 0.475　　　　　C. 0.52　　　　　D. 0.74

12-24 运动黏度是动力黏度和相同温度下润滑油_____的比值。

A. 流速　　　　　B. 质量　　　　　C. 比重　　　　　D. 密度

12-25 与滚动轴承相比较,在下述各点中,_____不能作为滑动轴承的优点。

A. 径向尺寸小　　　　　　　　　　　　　B. 运转平稳,噪声低

C. 间隙小,旋转精度高　　　　　　　　　D. 可用于高速场合

12-26 滑动轴承的润滑方法,可以根据_____来选择。

A. 平均压强 p　　B. $\sqrt{pv^3}$　　　C. 轴颈圆周速度 v　　D. pv 值

12-27 滑动轴承支承轴颈,在液体动压润滑状态下工作,为表示轴颈的位置,图中_____是正确的。

A.　　　　　　　　B.　　　　　　　　C.　　　　　　　　D.

12-28 在_____情况下,滑动轴承润滑油的黏度不应选得较高。

A. 重载　　　B. 高速　　　C. 工作温度高　　　D. 承受变载荷或振动冲击载荷

4. 简答题

12-29 滑动轴承的主要失效形式有哪些?

12-30 针对滑动轴承的主要失效形式,轴承材料的性能应着重满足哪些要求?

12-31 滑动轴承设计包括哪些主要内容?

12-32 滑动轴承上开设油沟应注意哪些问题？

12-33 液体动压油膜形成的必要条件是什么？

12-34 试分析液体动压滑动轴承和不完全液体滑动轴承的区别，并讨论它们各自适用的场合。

5. 计算分析题

12-35 一向心滑动轴承，已知轴颈直径 $d = 50$ mm，宽径比 $B/d = 0.8$，轴的转速 $n = 1\ 500$ r/min，轴承受径向载荷 $F = 5\ 000$ N，轴瓦材料初步选择锡青铜 ZcuSn5Pb5Zn5，试按照非液体摩擦滑动轴承计算，校核该轴承是否可用。如不可用，提出改进方法。

12-36 已知一起重机卷筒轴用滑动轴承，其径向载荷 $F = 100$ kN，轴颈直径 $d = 90$ mm，转速 $n = 10$ r/min，试按非液体摩擦状态设计此轴承。

12-37 有一非液体润滑的向心滑动轴承，宽径比（即长径比）$\dfrac{B}{d} = 1$，轴颈直径 $d = 80$ mm，已知轴承材料的许用值为 $[p] = 5$ MPa，$[v] = 5$ m/s，$[pv] = 10$ MPa·m/s，要求轴承在 $n_1 = 320$ r/min，$n_2 = 640$ r/min，两种转速下均能正常工作，试求轴承的许用载荷大小。

12-38 一液体动压向心滑动轴承，轴径 $d = 100$ mm，长径比 $l/d = 1$，直径间隙 $\Delta = 0.2$ mm。稳定运转时，测出最小油膜厚度 $h_{\min} = 0.035$ mm，润滑油黏度 $\eta = 0.05$ Pa·s，转速 $n = 1\ 500$ r/min，求此时轴承的偏心距 e 和轴上的载荷 p。

长径比 $l/d = 1$ 时承载量系数 C_p 值见表 12-1。

表 12-1 承载量系数 $C'_p (l/d = 1)$

偏心率 x	0.6	0.65	0.7	0.75
$C_p = \dfrac{P\psi^2}{2\eta Vl}$	1.25	1.52	1.93	2.46

参 考 答 案

1. 名词解释

12-1 将不同的金属粉末经压制烧结而成的多孔结构材料，称为粉末冶金材料，其孔隙占体积的 10%～35%，可贮存润滑油，故由其制作的轴承称为含油轴承。

12-2 轴承合金又称巴氏合金或白合金，其金相组织是在锡或铅的软基体中夹着锑、铜等硬合金颗粒。

2. 填空题

12-3 径向轴承 止推轴承 液体滑动轴承 不完全液体滑动轴承 液体动压滑动轴承 液体静压滑动轴承

12-4 温度 压力

12-5 黏性 油性

12-6 磨损 胶合 维护边界膜不被破坏

12-7 $p \leqslant [p]$ $pv \leqslant [pv]$ $v \leqslant [v]$

12-8 过度磨损 温升过高而发生胶合

12-9 直径间隙 Δ 轴颈直径 d 偏心距 e 半径间隙 C

12-10 宽径比 相对间隙

12-11　非承载区

3. 选择题

12-12　B；　**12-13**　A；　**12-14**　A；　**12-15**　A；　**12-16**　D；　**12-17**　D；　**12-18**　B；

12-19　C；　**12-20**　D；　**12-21**　C；　**12-22**　A；　**12-23**　B；　**12-24**　B；　**12-25**　C；

12-26　B；　**12-27**　C；　**12-28**　B

4. 简答题

12-29　**答**　磨粒磨损、刮伤、胶合、疲劳剥落和腐蚀等。

12-30　**答**　良好的减摩性、耐磨性和抗咬黏性,良好的摩擦顺应性、嵌入性和磨合性,足够的强度和耐腐蚀能力,良好的导热性、工艺性、经济性等。

12-31　**答**　① 决定轴承的结构形式;② 选择轴瓦和轴承衬的材料;③ 决定轴承结构参数;④ 选择润滑剂和润滑方法;⑤ 计算轴承工作能力。

12-32　**答**　油沟用来输送和分布润滑油。油沟的形状和位置影响轴承中油膜压力分布情况。油沟不应开在油膜承载区内,否则会降低油膜的承载能力。轴向油沟应比轴承宽度稍短,以免润滑油从油沟端部大量流失。

12-33　**答**　润滑油有一定的黏度,黏度越大,承载能力也越大;有足够充分的供油量;有相当的相对滑动速度,在一定范围内,油膜承载力与滑动速度成正比关系;相对滑动面之间必须形成收敛性间隙(通称油楔)。

12-34　**答**　不完全液体滑动轴承:表面间难以产生完全的承载油膜,轴承只能在混合摩擦润滑状态下工作。这种轴承一般用于工作可靠性要求不高的低速、重载或间歇工作场合。液体动压滑动轴承:表面间形成足够厚的承载油膜,轴承内摩擦为流体摩擦,摩擦因数达到最小值。

5. 计算分析题

12-35　**解**　根据给定材料 ZCuSn5Pb5Zn5 查得,$[p]=8$ MPa,$[v]=3$ m/s,$[pv]=12$ MPa · m/s。

根据宽径比 $B/d=0.8$ 知,$B=40$ mm,故

$$p=\frac{F}{Bd}=\frac{5\,000}{40\times50}\text{ MPa}=2.5\text{ MPa}<[p]=8\text{ MPa}$$

$$pv=\frac{F}{Bd}\cdot\frac{\pi nd}{60\times1\,000}=\frac{5\,000}{40\times50}\cdot\frac{\pi\times1\,500\times50}{60\times1\,000}\text{ MPa}\cdot\text{m/s}$$

$$=9.82\text{ MPa}\cdot\text{m/s}<[pv]$$

$$=12\text{ MPa}\cdot\text{m/s}$$

$$v=\frac{\pi nd}{60\times1\,000}=\frac{\pi\times1\,500\times50}{60\times1\,000}\text{ m/s}=3.93\text{ m/s}>[v]=3\text{ m/s}$$

可见 p 和 pv 值均满足要求,只有 v 不满足要求。其改进方法是:① 如果轴的直径富余,可以减小轴颈直径,使圆周速度 v 减小;② 采用$[v]$较大的轴承材料。

改进方法:将轴承材料改为轴承合金 ZPbSb16Sn16Cu2,$[p]=15$ MPa,$[v]=12$ m/s,$[pv]=10$ MPa · m/s。则

$$p=2.5\text{ MPa}<[p]=15\text{ MPa}$$

$$pv=9.82\text{ MPa}\cdot\text{m/s}<[pv]=10\text{ MPa}\cdot\text{m/s}$$

$$v=3.93\text{ m/s}<[v]=12\text{ m/s}$$

结论:轴承材料采用轴承合金 ZPbSb16Sn16Cu2,轴颈直径 $d=50$ mm,宽度 $B=40$ mm。

12-36 解 (1) 确定轴承结构和润滑方式。因为此轴承为低速重载轴承,尺寸大,为便于拆装和维修,采用剖分式结构。润滑方式采用油脂杯式脂润滑方式。

(2) 选择轴承材料。按低速、重载的条件,初步选用铸铝青铜 ZcuAl10Fe3,其 $[p]=$ 15 MPa,$[pv]=12$ MPa·m/s,$[v]=4$ m/s。

(3) 确定轴承宽度。对低速、重载轴承,宽径比应取大些。初选 $\varphi=B/d=1.2$,则轴承宽度

$$B=\varphi d=1.2\times90 \text{ mm}=108 \text{ mm}$$

取

$$B=110 \text{ mm}$$

(4) 验算。

$$p=\frac{F}{Bd}=\frac{100\ 000}{110\times90} \text{ MPa}=10.10 \text{ MPa}<[p]=15 \text{ MPa}$$

$$pv=\frac{F}{Bd}\cdot\frac{\pi nd}{60\times1\ 000}=\frac{100\ 000}{110\times90}\cdot\frac{3.14\times10\times90}{60\times1\ 000} \text{ MPa·m/s}$$

$$=0.48 \text{ MPa·m/s}<[pv]$$

$$=12 \text{ MPa·m/s}$$

$$v=\frac{\pi nd}{60\times1\ 000}=\frac{3.14\times10\times90}{60\times1\ 000} \text{ m/s}=0.047 \text{ m/s}<[v]=3 \text{ m/s}$$

可见,p 与 $[p]$ 比较接近,pv 和 v 很富余,可以适当减小轴承宽度。

取宽径比:$\varphi=B/d=1$,则 $B=90$ mm,有

压强 $p=12.35$ MPa,$v=0.047$ m/s,$pv=0.58$ MPa·m/s,均满足要求。

12-37 解 在非液体润滑状态下,分以下两种情况进行计算。

(1) 当 $n_1=320$ r/min 时,求许用载荷 F_1。

按许用压强 $[p]$,求 $F_{\max1}$,即

$$p=\frac{F}{dB}\leqslant[p]$$

因为

$$F_{\max1}=[p]dB=32\ 000 \text{ N}$$

按许用 $[pv]$ 求 $F_{\max1}$,即

$$pv=\frac{F}{dB}\frac{\pi dn_1}{60\times100}=\frac{Fn_1}{19\ 100B}\leqslant[pv]$$

$$F_{\max1}=[pv]19\ 100B/n_1=47\ 750 \text{ N}$$

$$v=\frac{\pi dn_1}{60}=\frac{3.14\times0.08\times320}{60} \text{ m/s}=1.34 \text{ m/s}$$

所以 $F_{\max1}$ 应为 32 000 N。

(2) 当 $n_2=640$ r/min 时,求许用载荷 F_2。

按 $[p]$ 求 $F_{\max2}$,即

$$F_{\max2}=32\ 000 \text{ N}$$

按 $[pv]$ 求 $F_{\max2}$,即

$$F_{\max2}=[pv]\times19\ 100B/n_2=23\ 875 \text{ N}$$

$$v=\frac{\pi dn_2}{60}=\frac{3.14\times0.08\times640}{60} \text{ m/s}=2.68 \text{ m/s}<[v]$$

所以 $F_{\max2}$ 应为 23 875 N。

由步骤(1)、(2)可知,在两种转速下均能正常工作时,许用载荷应为 23 875 N。

12-38 解 （1）求偏心距 e。

因为

$$h_{\min} = \delta - e$$

所以

$$e = \frac{\Delta}{2} - h_{\min} = \left(\frac{0.2}{2} - 0.035\right) \text{ mm} = 0.065 \text{ mm}$$

（2）求轴上载荷 P。

偏心率为

$$\varepsilon = \frac{e}{\delta} = \frac{2e}{\Delta} = \frac{2 \times 0.065}{0.2} = 0.65$$

已知宽径比 $B/d = 1$，查表知，承载量系数为

$$C_p = 1.52$$

$$C_p = \frac{P\psi^2}{\eta\omega dB}$$

式中

$$\psi = \frac{\Delta}{d} = \frac{0.2}{100} = 0.002$$

$$\omega = \frac{2\pi n}{60} = \frac{2 \times 3.14 \times 1\,500}{60} \text{ s}^{-1} = 157 \text{ s}^{-1}$$

所以 $P = C_p\eta\omega dB/\psi^2 = 1.52 \times 0.05 \times 1.57 \times 0.1 \times 0.1/(0.002)^2 \text{ N} = 3 \times 10^4 \text{ N}$

第13章 滚动轴承

习 题

1. 名词解释

13-1 基本额定寿命

13-2 基本额定动载荷

2. 填空题

13-3 6208、N208、3208和51208四个轴承中只能承受径向载荷的轴承是_____,只能承受轴向载荷的轴承是_____。

13-4 滚动轴承的主要失效形式是_____和_____。对于不转、转速极低或摆动的轴承,常发生_____破坏,故轴承的尺寸应主要按_____计算确定。

13-5 角接触轴承承受轴向载荷的能力取决于轴承的_____。

13-6 举出两种滚动轴承内圈轴向固定的方法_____、_____。

13-7 滚动轴承内、外圈轴线的夹角称为偏转角,各类轴承允许的偏转角都有一定的限制,允许的偏转角越大,则轴承的_____性能越好。

13-8 四种轴承 N307/P4、6207/P2、30207、51307 中,_____的公差等级最高,_____的极限转速最高,_____承受轴向力最大,_____不能承受轴向力。

13-9 滚动轴承内圈与轴的公差配合为_____,外圈与座孔的配合采用_____制。

13-10 承受方向固定的径向载荷的滚动轴承,其滚动体上产生的接触应力是_____变应力。固定套圈上产生的接触应力是_____变应力。

13-11 滚动轴承的密封形式可分为_____和_____两大类。

13-12 按基本额定动载荷设计计算的滚动轴承,在预定使用期限内,其失效概率最大为_____。

13-13 转速和额定动载荷一定的球轴承,若当量动载荷增加一倍,则其基本额定寿命变为原来的_____倍。

13-14 选用滚动轴承润滑油时,轴承的载荷越大,选用润滑油的黏度越_____;转速越高,选用黏度越_____;温升越高,选用黏度越_____。

13-15 滚动轴承的基本额定寿命与基本额定动载荷之间的关系为_____,其中,对于球轴承,指数 $\varepsilon=$_____,对于滚子轴承,$\varepsilon=$_____。

3. 选择题

13-16 深沟球轴承,内径为 100 mm,宽度系列为 0,直径系列为 2,公差等级为 0 级,游隙为 0 组,其代号为_____。

A. 60220　　　　　B.6220/P0　　　　　C. 60220/P0　　　　　D. 6220

13-17 滚动轴承代号由前置代号、基本代号和后置代号组成,其中,基本代号表示_____。

A. 轴承的类型、结构和尺寸　　　　　B. 轴承组件

C. 轴承内部结构变化和轴承公差等级　　　　D. 轴承游隙和配置

13-18　_____只能承受径向载荷。

A. 深沟球轴承　　　B. 调心球轴承　　　C. 圆锥滚子轴承　　　D. 圆柱滚子轴承

13-19　_____不能用来同时承受径向载荷和轴向载荷。

A. 深沟球轴承　　　B. 角接触球轴承　　C. 圆柱滚子轴承　　D. 调心球轴承

13-20　角接触轴承承受轴向载荷的能力,随接触角 α 的增大而_____。

A. 增大　　　　　　B. 减小　　　　　　C. 不变　　　　　　D. 不定

13-21　若转轴在载荷作用下弯曲变形较大或轴承座孔不能保证良好的同轴度,则宜选用类型代号为_____的轴承。

A. 1 或 2　　　　　B. 3 或 7　　　　　C. N 或 NU　　　　D. 6 或 NA

13-22　_____轴承通常应成对使用。

A. 深沟球轴承　　　B. 圆锥滚子轴承　　C. 推力球轴承　　　D. 圆柱滚子轴承

13-23　在正常转动条件下,滚动轴承的主要失效形式为_____。

A. 滚动体或滚道表面疲劳点蚀　　　　　B. 滚动体破裂

C. 滚道磨损　　　　　　　　　　　　　D. 滚动体与套圈间发生胶合

13-24　滚动轴承的基本额定寿命是指同一批轴承中_____的轴承能达到的寿命。

A. 99%　　　　　　B. 90%　　　　　　C. 95%　　　　　　D. 50%

13-25　若在不重要场合,滚动轴承的可靠度可降低到 80%,则它的额定寿命_____。

A. 增长　　　　　　B. 缩短　　　　　　C. 不变　　　　　　D. 不定

13-26　对于温度较高或较长的轴,其轴系固定结构可采用_____。

A. 两端固定安装的深沟球轴承　　　　　B. 两端固定安装的角接触球轴承

C. 一端固定另一端游动的形式　　　　　D. 两端游动安装的结构形式

13-27　_____不是滚动轴承预紧的目的。

A. 增大支承刚度　　B. 提高旋转精度　　C. 减小振动噪声　　D. 降低摩擦阻力

13-28　对转速很高($n>7\,000$ r/min)的滚动轴承宜采用_____的润滑方式。

A. 滴油润滑　　　　B. 油浴润滑　　　　C. 飞溅润滑　　　　D. 喷油或喷雾润滑

13-39　在下列密封形式中,_____为接触式密封。

A. 迷宫式密封　　　B. 甩油环密封　　　C. 油沟式密封　　　D. 毛毡圈密封

13-30　为了保证轴承内圈与轴肩的良好接触,轴承的圆角半径 r 与轴肩的圆角半径 r_1 应有_____。

A. $r=r_1$　　　　　B. $r>r_1$　　　　　C. $r<r_1<R_1$　　　D. 不一定

4. 简答题

13-31　滚动轴承由哪几个基本部分组成?

13-32　选择滚动轴承类型应考虑的主要因素有哪些?

13-33　什么是轴承的当量动载荷?

13-34　什么是滚动轴承的预紧?为什么滚动轴承需要预紧?

13-35　滚动轴承为何需要采用密封装置?常用密封装置有哪些形式?

13-36　30000 型和 70000 型轴承常成对使用,这时,什么是正安装?什么是反安装?什么叫"面对面"安装?什么叫"背靠背"安装?

5. 计算分析题

13-37　某轴由一对代号为 30212 的圆锥滚子轴承支承,其基本额定动载荷 $C=97.8$ kN。

轴承受径向力 $R_1 = 6\,000$ N，$R_2 = 16\,500$ N。轴的转速 $n = 500$ r/min，轴上有轴向力 $F_A = 3\,000$ N，方向如图 13-1 所示。轴承的其他参数见表 13-1。冲击载荷系数 $f_d = 1$。求轴承的基本额定寿命。

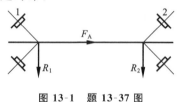

图 13-1　题 13-37 图

表 13-1　30212 型轴承的其他参数

S	$F_a/R \leqslant e$		$F_a/R > e$		e
	X	Y	X	Y	
$\dfrac{R}{2Y}$	1	0	0.4	1.5	0.40

13-38　一根装有两个斜齿轮的轴由一对代号为 7210AC 的滚动轴承支承。已知两轮上的轴向力分别为 $F_{a1} = 3\,000$ N，$F_{a2} = 5\,000$ N，方向如图 13-2 所示。轴承所受径向力 $R_1 = 8\,000$ N，$R_2 = 12\,000$ N。冲击载荷系数 $f_d = 1$，其他参数见表 13-2。求两轴承的当量动载荷 P_1、P_2。

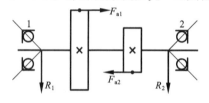

图 13-2　题 13-38 图

表 13-2　7210AC 型轴承的其他参数

S	$F_a/R \leqslant e$		$F_a/R > e$		e
	X	Y	X	Y	
$0.68R$	1	0	0.41	0.87	0.68

13-39　试分析图 13-3 所示轴系结构的错误，并加以改进。图中齿轮用油润滑，轴承用脂润滑。

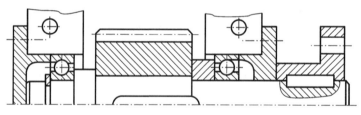

图 13-3　题 13-39 图

13-40　试分析如图 13-4 所示小锥齿轮套杯轴系结构的错误，并加以改进。

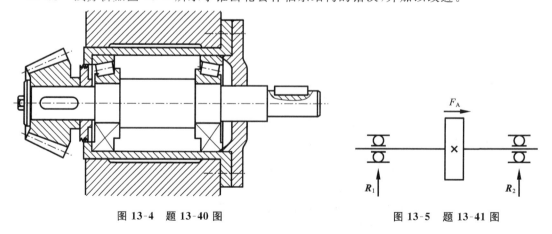

图 13-4　题 13-40 图　　　　　　　　　图 13-5　题 13-41 图

13-41　如图 13-5 所示，一轴的两端各采用一个 6310 型深沟球轴承支承，外部轴向载荷 $F_A = 1\,450$ N，每个轴承所受径向力 $R_1 = R_2 = 5\,800$ N，轴转速 $n = 970$ r/min，载荷轻度冲击，

载荷系数 $f_p = 1.2$，工作温度为 150 ℃，温度系数 $f_t = 0.9$，轴承的有关数据见表 13-3，问：

(1) 哪个轴承寿命短? 其寿命比 $L_{h1}/L_{h2} = $?

表 13-3　6310 型轴承的有关数据

C/N	C_0/N	F_a/C_0	e	$F_a/R \leqslant e$		$F_a/R > e$	
				X	Y	X	Y
47 500	35 600	0.025	0.22	1	0	0.56	2.0
		0.04	0.24				1.8
		0.07	0.27				1.6
		0.13	0.31				1.4
		0.25	0.37				1.2
		0.50	0.44				1.0

(2) 计算寿命短的轴承的工作寿命 $L_h = $?

13-42　某转轴两端各用一个 30204 型轴承支承，轴上载荷如图 13-6 所示，轴转速为 1 000 r/min，$F_A = 1 000$ N，$F_r = 300$ N，载荷系数 $f_p = 1.2$，常温下工作。已知 30204 轴承基本额定动载荷 $C = 15.8$ kN，且有 $S = R/2Y$，有关数据如表 13-4 所示。

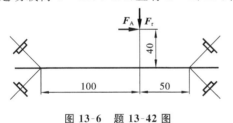

图 13-6　题 13-42 图

表 13-4　30204 型轴承的有关数据

e	$\dfrac{F_a}{R} \leqslant e$		$\dfrac{F_a}{R} > e$	
	X	Y	X	Y
0.38	1	0	0.4	1.7

备用公式：

$$L_h = \frac{16\ 670}{n}\left(\frac{C}{P\omega}\right)^{\varepsilon}$$

求：

(1) 两支点反力；

(2) 两轴承的计算载荷；

(3) 危险轴承的寿命。

13-43　斜齿轮安装在轴承之间的中部，转动方向如图 13-7 所示。采用一对 70000 型轴承，其有关参数如表 13-5 所示。已知斜齿轮 $\beta = 15°$，分度圆直径 $d = 120$ mm，轴传递的转矩 $T = 19 \times 10^4$ N·mm，轴的转速 $n_1 = 1\ 440$ r/min，载荷系数 $f_p = 1.1$，若轴的额定动载荷 $C = 28.8$ kN，试计算轴承寿命。

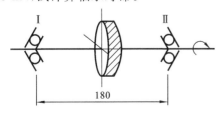

图 13-7　题 13-43 图

表 13-5　70000 型轴承有关参数

$\dfrac{F_a}{R} \leqslant e$		$\dfrac{F_a}{R} > e$		e	S
X	Y	X	Y		
1	0	0.41	0.85	0.7	$0.7F_r$

13-44 图 13-8 所示的锥齿轮减速器主轴,选用一对 30206 型圆锥滚子轴承支承,工作中有中等冲击,冲击载荷系数 $f_d=1.5$;$C_r=41\,200$ N;$e=0.37$;$F_a/R>e$ 时 $X=0.4$,$Y=1.6$,$F_a/R<e$ 时,$X=1$,$Y=0$;附加轴向力 $S=R/2Y$,其中,$Y=1.6$;$d_m=56.25$ mm,所受圆周力 $F_t=1\,270$ N,径向力 $F_r=400$ N,轴向力 $F_A=230$ N,轴的转速 $n=960$ r/min。

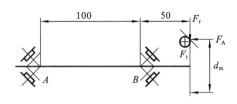

图 13-8　题 13-44 图

（1）该轴承是背靠背(O)还是面对面(X)安装?

（2）求 A、B 处的水平支反力 R_{1H}、R_{2H}。

　　　A、B 处的垂直支反力 R_{1V}、R_{2V}。

　　　A、B 处的合成支反力 R_1、R_2。

（3）求轴承的附加轴向力 S_1、S_2。

（4）求轴承的轴向力 F_{a1}、F_{a2}。

（5）求轴承的当量动负荷 P_1、P_2。

（6）比较 P_1、P_2 的大小。

（7）计算轴承寿命 L_{10h}。

参 考 答 案

1. 名词解释

13-1　基本额定寿命是指一批相同的轴承在相同的条件下运转,当其中 10% 的轴承发生疲劳点蚀破坏（90% 的轴承没有发生点蚀）时,轴承转过的总转数 L_{10},单位为 10^6 r（转）,或在一定转速下工作的小时数 L_{10h},单位为 h（小时）。

13-2　基本额定动载荷是指轴承寿命 L_{10} 恰好为 1×10^6 r 时,轴承所能承受的载荷,表示轴承的承载能力。

2. 填空题

13-3　N208　51208

13-4　疲劳点蚀　塑性变形　塑性变形　静强度

13-5　接触角 α

13-6　轴肩　套筒

13-7　调心

13-8　6207/P2　6207/P2　51307　N307/P4

13-9　基孔　基轴

13-10　规律（周期）性非稳定脉动循环　稳定的脉动循环

13-11　接触式　非接触式

13-12　10%

13-13　1/8

13-14　高　低　高

13-15　$L_h=\dfrac{10^6}{60n}\left(\dfrac{C}{P}\right)^\varepsilon$　3　10/3

3. 选择题

13-16 A； **13-17** A； **13-18** D； **13-19** C； **13-20** A； **13-21** A； **13-22** B；

13-23 A； **13-24** B； **13-25** A； **13-26** C； **13-27** D； **13-28** D； **13-29** D；

13-30 B

4. 简答题

13-31 **答** 由内圈、外圈、滚动体和保持架等四部分组成。

13-32 **答** ① 轴承的载荷:轴承所受载荷的大小、方向和性质,是选择轴承类型的主要依据。② 轴承的转速:在一般转速下,转速的高低对类型的选择不发生什么影响,只有在转速较高时,才会有比较显著的影响。③ 轴承的调心性能。④ 轴承的安装和拆卸。

13-33 **答** 滚动轴承若同时承受径向和轴向联合载荷,为了计算轴承寿命时在相同条件下比较,在进行寿命计算时,必须把实际载荷换算为与确定基本额定动载荷的载荷条件相一致的载荷,换算后的载荷是一种假定的载荷,故称为当量动载荷,用 P 表示。

13-34 **答** 所谓预紧,就是在安装时用某种方法在轴承中产生并保持一轴向力,以消除轴承中的轴向游隙,并在滚动体和内、外圈接触处产生初变形的过程。预紧可以提高轴承的旋转精度,增加轴承装置的刚性,减小机器工作时轴的振动。

13-35 **答** 轴承的密封装置是为了阻止灰尘、水、酸气和其他杂物进入轴承,并阻止润滑剂流失而设置的。密封装置可分为接触式及非接触式两大类。

13-36 **答** 成对使用时,"面对面"安装方式称为正安装,"背对背"安装方式称为反安装。而"面对面"是指两轴承外圈窄边相对,而"背对背"是指两轴承外圈宽边相对。

5. 计算分析题

13-37 **解** (1)求内部派生轴向力 S_1、S_2 的大小及方向。

有
$$S_1 = \frac{R_1}{2Y} = \frac{6\ 000}{2 \times 1.5}\ \text{N} = 2\ 000\ \text{N}$$

$$S_2 = \frac{R_2}{2Y} = \frac{16\ 500}{2 \times 1.5}\ \text{N} = 5\ 500\ \text{N}$$

方向如图 13-9 所示。

(2)求轴承所受的轴向力 F_{a1}、F_{a2}。

公式归纳法:

$$F_{a1} = \max\{S_1, S_2 - F_A\} = \max\{2\ 000, 5\ 500 - 3\ 000\}\ \text{N}$$
$$= 2\ 500\ \text{N}$$

$$F_{a2} = \max\{S_2, S_1 + F_A\} = \max\{5\ 500, 2\ 000 + 3\ 000\}\ \text{N}$$
$$= 5\ 500\ \text{N}$$

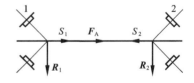

图 13-9 题 13-37 解图

(3)轴承的当量动载荷 P_1、P_2。

据
$$F_{a1}/R_1 = 2\ 500/6\ 000 = 0.417 > e = 0.40$$

得
$$X_1 = 0.4, \quad Y_1 = 1.5$$

$$P_1 = f_d(X_1 R_1 + Y_1 F_{a1}) = (0.4 \times 6\ 000 + 1.5 \times 2\ 500)\ \text{N} = 6\ 150\ \text{N}$$

据
$$F_{a2}/R_2 = 5\ 500/16\ 500 = 0.33 < e$$

得
$$X_2 = 1, \quad Y_2 = 0$$

$$P_2 = f_d(X_2 R_2 + Y_2 F_{a2}) = R_2 = 16\ 500\ \text{N}$$

$P_2 > P_1$,用 P_2 计算轴承寿命。

（4）计算轴承寿命。

有

$$L_{10h}=\frac{10^6}{60n}\left(\frac{C}{P}\right)^\varepsilon=\frac{10^6}{60\times 500}\times\left(\frac{97\ 800}{16\ 500}\right)^{10/3}\ h=12\ 562\ h$$

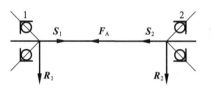

图 13-10　题 13-38 解图

13-38　解　（1）求内部派生轴向力 S_1、S_2 的大小方向。

有　$S_1=0.68R_1=0.68\times 8\ 000\ N=5\ 440\ N$

$S_2=0.68R_2=0.68\times 12\ 000\ N=8\ 160\ N$

方向如图 13-9 所示。

（2）求外部轴向合力 F_A。

有　$F_A=F_{a2}-F_{a1}=(5\ 000-3\ 000)\ N=2\ 000\ N$

方向与 F_{a2} 的方向相同,如图 13-10 所示。

（3）求轴承所受的轴向力 F_{a1}、F_{a2}。

因　　　$S_2+F_A=(8\ 160+2\ 000)\ N=10\ 160\ N$,　$S_2+F_A>S_1=5\ 440\ N$

轴承 1 被压紧。

故　　　　　　$F_{a1}=S_2+F_A=10\ 160\ N$,　$F_{a2}=S_2=8\ 160\ N$

（4）求轴承的当量动载荷 P_1、P_2。

据　　　　　　$F_{a1}/R_1=10\ 160/8\ 000=1.27>e=0.68$

得　　　　　　$X_1=0.41$,　$Y_1=0.87$

$P_1=f_d(X_1R_1+Y_1F_{a1})=(0.41\times 8\ 000+0.87\times 10\ 160)\ N=12\ 119\ N$

据　　　　　　$F_{a2}/R_2=8\ 160/12\ 000=0.68=e$

得　　　　　　$X_2=1$,　$Y_2=0$

$P_2=f_d(X_2R_2+Y_2F_{a2})=8\ 000\ N$

13-39　解　对图 13-11 所示轴系结构存在的问题分析如下。

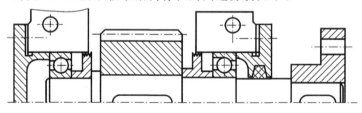

图 13-11　题 13-39 解图

（1）轴承的轴向固定、调整,轴向力传递方面错误。

① 轴系采用全固式结构,两轴承反装不能将轴向力传到机架,应改为正装。

② 全固式结构中,轴左端的弹性挡圈多余,应去掉。

③ 端盖处没有调整垫片,不能调整轴承游隙。

（2）转动零件与固定零件接触,不能正常工作方面错误。

① 轴右端的联轴器不能接触端盖,用端盖轴向定位更不行。

② 轴与右端盖之间不能接触,应有间隙。

③ 定位齿轮的套筒径向尺寸过大,与轴承外圈接触。

④ 轴的左端端面不能与轴承端盖接触。

（3）轴上零件装配、拆卸工艺性方面错误。

① 右轴承的右侧轴上应有工艺轴肩,轴承装拆路线长(精加工面长),装拆困难。

② 套筒径向尺寸过大,右轴承拆卸困难。

③ 因轴肩过高,右轴承拆卸困难。

④ 齿轮与轴连接的键过长,套筒和轴承不能安装到位。

(4) 轴上零件定位可靠方面错误。

① 轴右端的联轴器没有轴向定位,位置不确定。

② 齿轮轴向定位不可靠,应使轴头长度短于轮毂长度。

③ 齿轮与轴连接键的长度过大,套筒顶不住齿轮。

(5) 加工工艺性方面错误。

① 两侧轴承端盖处箱体上没有凸台,加工面与非加工面没有区分开。

② 轴上有两个键,两个键槽不在同一母线上。

③ 联轴器轮毂上的键槽没开通,且深度不够,联轴器无法安装。

(6) 润滑、密封方面错误。

① 右轴承端盖与轴间缺少密封措施。

② 轴承用脂润滑,轴承处没有挡油环,润滑脂容易流失。

改进后的结构如图 13-12 所示。

13-40 **解** 对图 13-12 所示小锥齿轮套杯轴系存在的问题分析如下。

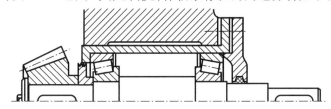

图 13-12 **题 13-40 解图**

(1) 左轴承内圈轴向没有固定。

(2) 套杯和机座间没有调整垫片,不能调整轴系的轴向位置。

(3) 轴承端盖与套杯间没有调整垫片,不能调整轴承游隙。

(4) 轴与轴承端盖接触,应有间隙。

(5) 左轴承的外圈装拆路线长,装拆困难。

(6) 套杯左端的凸肩过高,左轴承的外圈拆卸困难。

(7) 轴上有两个键,位置都没有靠近装入端,导致轮毂装入困难。

(8) 齿轮轴向定位不可靠,应使轴头长度短于轮毂长度。

(9) 轴承端盖处箱体上没有凸台,加工面与非加工面没有区分开。

(10) 轴上有两个键,两个键槽不在同一母线上。

(11) 右轴承端盖与轴间缺少密封措施。

改进后的结构如图 13-12 所示。

13-41 **解** (1) 确定寿命短的轴承,计算寿命比。

因 $$F_{a1} = 0, \quad F_{a2} = F_A = 1\ 450\ \text{N}$$

$$\frac{F_{a2}}{C_0} = \frac{1\ 450}{35\ 600} = 0.04$$

所以取 $e = 0.24$,有

$$\frac{F_{a2}}{R_2}=\frac{1\,450}{5\,800}=0.25>e$$

$$P_1=f_p \cdot R_1=1.2\times5\,800\ N=6\,960\ N$$

$$P_2=f_p(X_2R_2+Y_2F_{a2})=1.2\times(0.56\times5\,800+1.8\times1\,450)\ N=7\,030\ N$$

可见轴承 2 寿命较短。

$$\frac{L_{h1}}{L_{h2}}=\frac{\dfrac{10^6}{60n}\left(\dfrac{f_tC}{P_1}\right)^\varepsilon}{\dfrac{10^6}{60n}\left(\dfrac{f_tC}{P_2}\right)^\varepsilon}=\left(\frac{P_2}{P_1}\right)^3=\left(\frac{7\,030}{6\,960}\right)^3=1.03$$

（2）计算寿命短的轴承的工作寿命。

有
$$L_{h2}=\frac{10^6}{60n}\left(\frac{f_tC}{P_2}\right)^\varepsilon=\frac{10^6}{60\times970}\times\left(\frac{0.9\times47\,500}{7\,030}\right)^3\ h=3\,864\ h$$

13-42 解 （1）计算支承反力。

有
$$R_1=\frac{1\,000\times50-300\times40}{150}\ N=253\ N$$

$$R_2=100-R_1=747\ N$$

（2）确定两轴承的计算载荷。

有
$$S_1=\frac{R_1}{2Y}=\frac{253}{2\times1.7}\ N=74\ N$$

$$S_2=\frac{R_2}{2Y}=\frac{747}{2\times1.7}\ N=220\ N$$

S_1、S_2 方向如图 13-13 所示。

$$S_1+F_A=(74+300)\ N=374\ N>S_2$$

所以轴承 2 被"压紧"，轴承 1"放松"。

$$F_{a1}=S_1=74\ N,\quad F_{a2}=S_1+300=374\ N$$

$$\frac{F_{a1}}{R_1}=\frac{74}{253}=0.29<e$$

$$\frac{F_{a2}}{R_2}=\frac{374}{747}=0.5>e$$

所以
$$P_1=f_pR_1=1.2\times253\ N=304\ N$$

$$P_2=f_p(X_2R_2+Y_2F_{a2})=1.2\times(0.4\times747+1.7\times374)\ N=1\,122\ N$$

（3）计算危险轴承的寿命。

$$L_h=\frac{16\,670}{n}\left(\frac{C}{P}\right)^\varepsilon=\frac{16\,670}{1\,000}\times\left(\frac{15\,800}{1\,122}\right)^{\frac{10}{3}}\ h=112\,413\ h$$

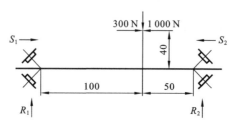

图 13-13 题 13-42 解图

13-43 解

$$F_t = \frac{2T_1}{d_1} = \frac{2 \times 19 \times 10^4}{120}\ N = 3\ 167\ N$$

$$F_r = F_t \tan\alpha_n / \cos\beta = 3\ 167 \tan20° / \cos15° = 1\ 193\ N$$

$$F_A = F_t \tan\beta = 3\ 167 \tan15° = 849\ N$$

假设受力方向如图 13-14 所示,因轴承对称布置,所以不影响结果。

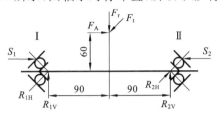

图 13-14 题 13-43 解图

$$R_{1V} = \frac{F_r \times 90 - F_a \times 60}{180} = \frac{1\ 193 \times 90 - 849 \times 60}{180}\ N = 314\ N$$

$$R_{2V} = \frac{F_r \times 90 - F_a \times 60}{180} = \frac{1\ 193 \times 90 - 849 \times 60}{180}\ N = 880\ N$$

$$R_{1H} = R_{2H} = \frac{1}{2}F_t = 1\ 584\ N$$

$$R_1 = \sqrt{R_{1V}^2 + R_{1H}^2} = \sqrt{314^2 + 1\ 584^2}\ N = 1\ 615\ N$$

$$R_2 = \sqrt{R_{2V}^2 + R_{2H}^2} = \sqrt{880^2 + 1\ 584^2}\ N = 1\ 812\ N$$

$$S_1 = 0.7R_1 = 1\ 131\ N, \quad S_2 = 0.7R_2 = 1\ 268\ N$$

S_1、S_2 方向如图 13-14 所示。

$$S_1 + F_a = (1\ 131 + 849)\ N = 1\ 980\ N > S_2$$

所以轴承 2 被"压紧",轴承 1"放松"。

$$F_{a1} = S_1 = 1\ 131\ N, \quad F_{a2} = S_1 + F_A = 1\ 980\ N$$

$$\frac{F_{a1}}{R_1} = \frac{1\ 131}{1\ 615} = 0.7 = e, \quad \frac{F_{a2}}{R_2} = \frac{1\ 980}{1\ 812} > e$$

所以

$$P_1 = f_p(X_1 R_1 + Y_1 F_{a1}) = 1.1 \times 1\ 615\ N = 1\ 777\ N$$

$$P_2 = f_p(X_2 R_2 + Y_2 F_{a2}) = 1.1 \times (0.41 \times 1\ 812 + 0.85 \times 1\ 980)\ N = 2\ 669\ N$$

$$L_h = \frac{10^6}{60n}\left(\frac{f_t C}{P}\right)^\varepsilon = \frac{10^6}{60 \times 1\ 440} \times \left(\frac{1 \times 28\ 800}{2\ 669}\right)^3\ h = 14\ 542\ h$$

13-44 解 (1)该轴承是面对面安装。

$$R_{1H} = \frac{F_t \times 50}{100} = \frac{1\ 270 \times 50}{100}\ N = 635\ N$$

$$R_{2H} = R_{1H} + F_t = (635 + 1\ 270)\ N = 1\ 905\ N$$

$$R_{1V} = \frac{F_r \times 50 - F_A \times 28.125}{100} = \frac{400 \times 50 - 230 \times 28.125}{100}\ N = 135\ N$$

$$R_{2V} = R_{1V} + F_r = (135 + 400)\ N = 535\ N$$

$$R_1 = \sqrt{R_{1V}^2 + R_{1H}^2} = \sqrt{635^2 + 135^2}\ N = 649\ N$$

$$R_2 = \sqrt{R_{2V}^2 + R_{2H}^2} = \sqrt{535^2 + 1\ 905^2}\ N = 1\ 979\ N$$

(2)

$$S_1 = \frac{R_1}{2Y} = \frac{649}{2 \times 1.6}\ N = 203\ N$$

$$S_2 = \frac{R_2}{2Y} = \frac{1\ 979}{2 \times 1.6}\ \text{N} = 618\ \text{N}$$

S_1、S_2 方向如图 13-15 所示。

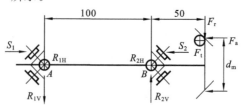

图 13-15 题 13-44 解图

（4） $$S_2 + F_a = (618 + 230)\ \text{N} = 848\ \text{N} > S_1$$

所以轴承 1 被"压紧"，轴承 2"放松"。

$$F_{a1} = S_2 + F_a = 848\ \text{N}, \quad F_{a2} = S_2 = 618\ \text{N}$$

$$\frac{F_{a1}}{R_2} = \frac{848}{649} > e, \quad \frac{F_{a2}}{R_2} = \frac{618}{1\ 978} = 0.31 < e$$

（5） $$P_1 = f_d(X_1 R_1 + Y_1 F_{a1}) = 1.5 \times (0.4 \times 649 + 1.6 \times 848)\ \text{N} = 2\ 425\ \text{N}$$

$$P_2 = f_d(X_2 R_2 + Y_2 F_{a2}) = 1.5 \times 1\ 979\ \text{N} = 2\ 969\ \text{N}$$

（6） $$P_2 > P_1$$

（7） $$L_{10h} = \frac{10^6}{60n}\left(\frac{f_t C}{P}\right)^{\varepsilon} = \frac{10^6}{60 \times 960} \times \left(\frac{1 \times 41\ 200}{2\ 969}\right)^{\frac{10}{3}} = 111\ 481$$

第14章 联轴器和离合器

习 题

1. 名词解释

14-1 联轴器

14-2 离合器

2. 填空题

14-3 联轴器的类型确定后,其型号(尺寸)根据_____、_____和_____查表选择。

14-4 根据联轴器的分类,万向联轴器属于_____联轴器,套筒联轴器属于_____联轴器。

3. 选择题

14-5 联轴器与离合器的主要作用是_____。

A. 缓冲、减振　　　　　　　　　B. 传递运动和转矩

C. 防止机器发生过载　　　　　　D. 补偿两轴的不同心或热膨胀

14-6 选择联轴器时,应使计算转矩 T_{ca} 大于名义转矩 T,这是考虑_____。

A. 旋转时产生的离心载荷　　　　B. 运转时的动载荷和过载

C. 联轴器材料的力学性能有偏差　D. 两轴对中性不好,有附加载荷

14-7 当载荷有冲击、振动,且轴的转速较高、刚度较小时,一般选用_____。

A. 刚性固定式联轴器　B. 刚性可移式联轴器　C. 弹性联轴器　D. 安全联轴器

14-8 两轴的偏角位移达 30°时,宜采用_____联轴器。

A. 凸缘　　　　　B. 齿式　　　　　C. 弹性套柱销　　　　D. 万向

14-9 在下列联轴器中,能补偿两轴的相对位移并可缓和冲击、吸收振动的是_____。

A. 凸缘联轴器　B. 齿式联轴器　C. 万向联轴器　D. 弹性套柱销联轴器

14-10 十字滑块联轴器允许被连接的两轴有较大的_____偏移。

A. 径向　　　　B. 轴向　　　　C. 角　　　　D. 综合

14-11 两根被连接轴间存在较大的径向偏移时,可采用_____联轴器。

A. 凸缘　　　　B. 套筒　　　　C. 齿式　　　　D. 万向

4. 简答题

14-12 联轴器和离合器二者的区别是什么?

14-13 选择联轴器类型的依据是什么?

5. 计算分析题

14-14 由交流电动机直接带动一直流发电机。若已知所需最大功率 $P = 18 \sim 20$ kW,转速 $n = 3\ 000$ r/min,外伸轴径 $d = 45$ mm。试选择电动机与发电机之间的联轴器。

参 考 答 案

1. 名词解释

14-1 联轴器是机械中用于连接两轴,使两轴共同旋转并传递转矩的常用部件。

14-2 离合器是一种在机器运转过程中,可使两轴随时接合或分离的装置。

2. 填空题

14-3 计算转矩　轴的转速　轴的直径

14-4 刚性可移式　固定式

3. 选择题

14-5 B; **14-6** B; **14-7** C; **14-8** D; **14-9** D; **14-10** A; **14-11** C

4. 简答题

14-12 **答** 联轴器和离合器的功用是连接两轴使之一同回转并传递转矩。二者区别是:联轴器连接的两轴在工作中不能分离,只有在停机后拆卸零件时才能分离两轴;而离合器可以在机器运转过程中随时分离或接合两轴。

14-13 **答** 联轴器类型选择的依据是考虑被连接两轴的对中性、传递载荷的大小和特性、工作转速、安装尺寸的限制及工作环境等。

5. 计算分析题

14-14 **解** (1)选择联轴器类型:由于机组功率不大,转动平稳,且结构简单,易于采取措施提高其制造和安装精度,使其轴线偏移量较小,所以选用刚性凸缘联轴器。

(2)计算转矩 T_{ca}。

有　　　　$T_{ca} = K_A T = K_A \times 9\,550\, \dfrac{P}{n} = 2 \times 9\,550\, \dfrac{20}{3\,000}\ \text{N·m} = 127.34\ \text{N·m}$

其中,K_A 为工作情况系数,因是刚性联轴器,查表取大值 $K_A = 2$。

(3)确定具体型号和尺寸。

根据 T_{ca} 及 d、n 等条件,由标准 GB/T 5843—2003 选用 YL9 型凸缘联轴器,其额定转矩 $T_n = 400$ N·m,许用转速 $[n] = 4\,100$ r/min,轴孔直径为 45 mm,符合要求。

(4)YL9 联轴器标注为 45×112 GB/T 5843—2003。

第 15 章　轴

习　题

1. 名词解释

15-1　转轴

15-2　传动轴

15-3　心轴

2. 填空题

15-4　根据轴的承载情况,自行车的前轮轴属于_____,自行车的后轮轴是_____轴,中间轴是_____轴。

15-5　在进行轴的强度计算时,对于单向转动的转轴,一般将弯曲应力考虑为_____变应力,将扭切应力考虑为_____变应力。

15-6　轴在引起共振时的转速称为_____。工作转速低于一阶临界转速的轴称为_____轴。工作转速高于一阶临界转速的轴称为_____轴。

15-7　轴上零件的轴向定位和固定常用的方法有_____、_____、_____和_____。

15-8　轴上零件的周向固定常用的方法有_____、_____、_____和_____。

3. 选择题

15-9　在下述材料中,不宜用于制造轴的是_____。

A. 45 钢　　　　　　　B. 40Cr　　　　　　　C. QT500　　　　　　　D. ZcuSn10-1

15-10　轴环的用途是_____。

A. 用于加工时的轴向定位　　　　　　B. 使轴上零件获得轴向定位

C. 提高轴的强度　　　　　　　　　　D. 提高轴的刚度

15-11　下列各轴中,属于转轴的是_____。

A. 减速器中的齿轮轴　　　　　　　　B. 自行车的前、后轴

C. 铁路机车的轮轴　　　　　　　　　D. 滑轮轴

15-12　减速器中,齿轮轴的承载能力主要受到_____的限制。

A. 短期过载下的静强度　　　　　　　B. 疲劳强度

C. 脆性破坏　　　　　　　　　　　　D. 刚度

15-13　用安全系数法精确校核轴的疲劳强度时,其危险剖面的位置取决于_____。

A. 轴的弯矩图和扭矩图　　　　　　　B. 轴的弯矩图和轴的结构

C. 轴的扭矩图和轴的结构　　　　　　D. 轴的弯矩图、扭矩图和轴的结构

15-14　为提高轴的疲劳强度,应优先采用_____的方法。

A. 选择好的材料　　B. 提高表面质量　　C. 减小应力集中　　D. 增大轴的直径

15-15　在用当量弯矩法计算转轴时,采用应力校正系数 α 是考虑到_____。

A. 弯曲应力可能不是对称循环应力　　　B. 扭转切应力可能不是对称循环应力

C. 轴上有应力集中　　　　　　　　　　　D. 轴的表面粗糙度不同

15-16 当采用轴肩定位轴上零件时,零件轴孔的倒角应_____轴肩的过渡圆角半径。

A. 大于　　　　　　B. 小于　　　　　　C. 大于或等于　　　　D. 小于或等于

15-17 定位滚动轴承的轴肩高度应_____滚动轴承内圈厚度,以便于拆卸轴承。

A. 大于　　　　　　B. 小于　　　　　　C. 大于或等于　　　　D. 等于

15-18 为了保证轴上零件的定位可靠,应使其轮毂长度_____安装轮毂的轴头长度。

A. 大于　　　　　　B. 小于　　　　　　C. 等于　　　　　　D. 大于或等于

15-19 材料为45钢经调质处理的轴,当其刚度不足时,应采取的措施是_____。

A. 采用合金钢　　　　　　　　　　　　B. 减小应力集中

C. 采用等直径的空心轴　　　　　　　　D. 增大轴的直径

15-20 工作时只承受弯矩、不传递转矩的轴,称为_____。

A. 心轴　　　　　　B. 转轴　　　　　　C. 传动轴　　　　　　D. 曲轴

15-21 对于受对称循环转矩的转轴,计算其当量弯矩 $M_{ca}=\sqrt{M^2+(\alpha T)^2}$ 时,α 应取_____。

A. 0.3　　　　　　B. 0.6　　　　　　C. 1　　　　　　D. 1.3

15-22 优质碳素钢经调质处理制造的轴,验算其刚度时发现刚度不足,正确的改进方法是_____。

A. 加大直径　　　　B. 改用合金钢　　　C. 改变热处理方法　　D. 降低表面粗糙度值

4. 简答题

15-23 提高轴的强度的常用措施有哪些?

15-24 轴的结构主要取决于哪些因素?

15-25 什么是轴的结构工艺性?

15-26 轴上零件的轴向固定方法主要有哪些?

15-27 按扭转强度条件进行轴的计算,其应用场合是什么?

15-28 为什么要进行轴的刚度校核计算?

5. 计算分析题

12-29 一单向转动的转轴,危险剖面上所受的载荷为水平弯矩 $M_H=4\times10^5$ N·mm,垂直弯矩 $M_V=1\times10^5$ N·mm,转矩 $T=6\times10^5$ N·mm,轴的直径 $d=50$ mm,试求:

(1) 危险剖面上的合成弯矩 M、计算弯矩 M_{ca} 和计算应力 σ_{ca};

(2) 危险剖面上的弯曲应力和切应力的应力幅和平均应力:σ_a、σ_m、τ_a、τ_m。

参 考 答 案

1. 名词解释

15-1 转轴是指在工作中既受弯矩又受转矩的轴。

15-2 传动轴是指在工作中主要受转矩、不受弯矩或弯矩很小的轴。

15-3 心轴是指在工作中只受弯矩而不受转矩的轴。

2. 填空题

15-4 固定心轴　转轴　转轴

15-5 对称循环　脉动循环

15-6 临界转速　刚性轴　挠性轴

15-7　轴肩　套筒　轴端挡圈　轴承端盖

15-8　键　花键　销　紧定螺钉

3. 选择题

15-9　D；　**15-10**　B；　**15-11**　A；　**15-12**　B；　**15-13**　D；　**15-14**　C；　**15-15**　B；

15-16　A；　**15-17**　B；　**15-18**　A；　**15-19**　D；　**15-20**　C；　**15-21**　D；　**15-22**　A

4. 简答题

15-23　答　主要措施有:合理布置轴上零件以减小轴的载荷;改进轴上零件的结构以减小轴的载荷;改进轴的结构以减小应力集中的影响;改进轴的表面质量以提高轴的疲劳强度等。

15-24　答　轴在机器中的安装位置及形式;轴上安装的零件的类型、尺寸、数量,以及和轴连接的方法;载荷的性质、大小、方向及分布情况;轴的加工工艺等。

15-25　答　轴的结构工艺性是指轴的结构形式应便于加工和装配轴上的零件,并且生产率高,成本低。通常,轴的结构越简单,工艺性越好。因此,在满足使用要求的前提下,轴的结构形式应尽量简化。

15-26　答　轴上零件的轴向定位方法有轴肩(或轴环)、套筒、轴端挡圈、轴承端盖、圆螺母、弹性挡圈、紧定螺钉、锁紧挡圈等。

15-27　答　这种方法是只按轴所受的扭矩来计算轴的强度,如果轴还受有不大的弯矩时,则用降低许用扭转切应力的办法予以考虑。这种计算方法简便,但计算精度较低。它主要用于下列情况:① 传递以转矩为主的传动轴;② 初步估算轴径以便进行结构设计;③ 不重要的轴。

15-28　答　轴在载荷作用下,将产生弯曲或扭转变形。变形量超过允许的限度,就会影响轴上零件的正常工作,甚至会丧失机器应有的工作性能。因此,在设计有刚度要求的轴时,必须进行刚度的校核计算。

5. 计算分析题

15-29　解　在进行轴的强度计算时,对于单向转动的转轴,一般将弯曲应力考虑为对称循环变应力,将扭转切应力考虑为脉动循环变应力。

危险剖面上的合成弯矩为

$$M=\sqrt{M_{\mathrm{H}}^2+M_{\mathrm{V}}^2}=\sqrt{4^2+1^2}\times10^5 \text{ N}\cdot\text{mm}=223\,607 \text{ N}\cdot\text{mm}$$

对于单向工作的转轴,取 $\alpha=0.6$,则

计算弯矩为

$$M_{\mathrm{ca}}=\sqrt{M^2+(\alpha T)^2}=\sqrt{2.236\,07^2+(0.6\times6)^2}\times10^5 \text{ N}\cdot\text{mm}=423\,792 \text{ N}\cdot\text{mm}$$

计算应力为

$$\sigma_{\mathrm{ca}}=\frac{M_{\mathrm{ca}}}{W}=\frac{M_{\mathrm{ca}}}{0.1d^3}=\frac{423\,792}{0.1\times50^3} \text{ N/mm}^2=33.90 \text{ N/mm}^2$$

危险剖面上的弯曲应力为

$$\sigma_{\max}=\frac{M}{W}=\frac{M}{0.1d^3}=\frac{223\,607}{0.1\times50^3} \text{ N/mm}^2=17.89 \text{ N/mm}^2$$

$$\sigma_{\mathrm{a}}=\sigma_{\max}=17.89 \text{ N/mm}^2, \quad \sigma_{\mathrm{m}}=0$$

切应力为

$$\tau_{\max}=\frac{T}{W_{\mathrm{T}}}=\frac{T}{0.2d^3}=\frac{6\times10^5}{0.2\times50^3} \text{ N/mm}^2=24 \text{ N/mm}^2$$

$$\tau_{\mathrm{a}}=\tau_{\mathrm{m}}=\tau_{\max}/2=12 \text{ N/mm}^2$$

第16章 弹 簧

习 题

1. 名词解释

16-1 弹簧的旋绕比

16-2 弹簧的劲度系数

2. 填空题

16-3 圆柱形压缩(拉伸)螺旋弹簧设计时,若增大弹簧指数 C(弹簧材料、弹簧丝直径 d 不变),则弹簧的劲度系数_____;若增加弹簧的工作圈数 n,则弹簧的劲度系数_____。

16-4 拉压圆柱形螺旋弹簧丝的直径根据_____计算来确定;弹簧圈数根据_____计算来确定。

16-5 弹簧材料的许用应力按_____分为Ⅰ、Ⅱ、Ⅲ类。

16-6 弹簧按其载荷性质分为_____、_____、_____和_____四种;按其形状不同,又分为_____、_____、_____、_____和_____,其中最常用的是_____。

16-7 设计圆柱形螺旋弹簧时,为使弹簧本身较为稳定,不致颤动和过软,弹簧指数 C 值不能_____;为避免卷绕时弹簧丝受到强烈弯曲,C 值又不能_____,C 值范围为_____,常用 C 值为_____。

3. 选择题

16-8 弹簧指数 C 选得小,则弹簧_____。

A. 弹簧劲度系数过小,易颤动　　　B. 卷绕困难,且工作时簧丝内侧应力大

C. 易产生失稳现象　　　D. 尺寸过大,结构不紧凑

16-9 圆柱形螺旋弹簧的有效圈数按弹簧的_____要求计算得到。

A. 稳定性　　B. 劲度系数　　C. 结构尺寸　　D. 强度

16-10 圆柱形螺旋扭转弹簧可按曲梁受_____进行强度计算。

A. 扭转　　　B. 弯曲　　　C. 拉伸　　　D. 压缩

16-11 圆柱形螺旋弹簧的弹簧丝直径按弹簧的_____要求计算得到。

A. 强度　　　B. 稳定性　　　C. 劲度系数　　　D. 结构尺寸

16-12 计算圆柱形螺旋弹簧弹簧丝剖面切应力时,引用曲度系数 K 是为了考虑_____。

A. 卷绕弹簧时所产生的内应力

B. 弹簧丝表面可能存在的缺陷

C. 弹簧丝靠近弹簧轴线一侧会发生应力集中

D. 螺旋角和弹簧丝曲率对弹簧应力的影响以及切向力所产生的应力

16-13 弹簧指数 C 选得大,则弹簧_____。

A. 尺寸过大,结构不紧凑　　　B. 劲度系数过小,易颤动

C. 易产生失稳现象　　　D. 卷绕困难,且工作时簧丝内侧应力大

16-14 弹簧采用喷丸处理是为了提高其_____。

A. 静强度　　　B. 疲劳强度　　　C. 劲度系数　　　D. 高温性能

16-15 圆柱形螺旋压缩弹簧支承圈的圈数取决于_____。

A. 载荷大小　　B. 载荷性质　　C. 劲度系数要求　D. 端部形式

16-16 拧紧螺母时用的定力矩扳手,其弹簧的作用是_____。

A. 缓冲、吸振　　B. 控制运动　　C. 储存能量　　　D. 测量载荷

16-17 曲度系数 K,其数值大小取决于_____。

A. 弹簧指数 C　B. 弹簧丝直径　　C. 螺旋升角　　　D. 弹簧中径

4. 简答题

16-18 弹簧主要有哪些功能?

16-19 在什么情况下要对弹簧进行振动验算?

16-20 螺旋弹簧的制造工艺是什么?

参 考 答 案

1. 名词解释

16-1 弹簧的旋绕比是指弹簧中径与簧丝直径的比值。

16-2 使弹簧产生单位变形所需要的载荷。

2. 填空题

16-3 降低　降低

16-4 强度条件　变形条件

16-5 载荷性质

16-6 拉伸　压缩　扭转　弯曲　螺旋　环形　蝶形　板簧　涡卷　螺旋

16-7 太大　太小　4～16　5～8

3. 选择题

16-8 B; **16-9** B; **16-10** B; **16-11** A; **16-12** D; **16-13** B; **16-14** B;
16-15 D; **16-16** D; **16-17** A

4. 简答题

16-18 答　① 控制机构的运动;② 减振和缓冲;③ 储存及输出能量;④ 测量力的大小。

16-19 答　承受变载荷的圆柱螺旋弹簧常是在加载频率很高的情况下工作的。为了避免引起弹簧的谐振而导致弹簧的破坏,需对弹簧进行振动验算,以保证其临界工作频率(即工作频率的许用值)远低于其基本自振频率。

16-20 答　① 卷制;② 挂钩的制作或端面圈的精加工;③ 热处理;④ 工艺试验及强压处理。

第 2 篇　机械设计实验

　　社会实践与科学实验是一切人类知识的源泉,而科学实验是现代科学发展的基础。实验是以培养学生掌握学科实验基本方法和实验技能为价值取向的实践教学活动,现代科学与技术的发展离不开科学实验。通过对实验教学活动规律的科学认识、对实验教学内容的科学设计,以及对具体实验过程的系统构思,培养学生的科学创新精神和工程实践能力。

　　本篇包括零件认知、螺纹连接、带传动、滑动轴承与轴系结构、减速器装拆和传动系统方案设计共 7 个典型实验,将实践性、理论性和设计性有机地融合在一起,有利于学生的理论知识掌握和工程实践能力的培养。

第 17 章　机械零件认知实验

"机械设计"是机械类专业的专业技术基础课,是以通用零件的设计为核心,介绍通用零件的分类、工作原理、结构特点、失效形式、设计方法等内容的课程。该课程内容多、理论性强、与实际联系紧密、学习难度较大。通过认真完成机械零件认知实验,学生对本课程的内容将有一个系统的感性认知,为后续的理论学习打下基础。

17.1　实　验　目　的

(1) 初步了解"机械设计"课程所研究的各种常用零件的结构、类型、特点及应用。
(2) 了解各种标准零件的结构形式及相关的国家标准。
(3) 了解各种传动的特点及应用。
(4) 加强对各种零部件的结构及机器的感性认识。

17.2　实　验　设　备

(1) 机械零件陈列柜,包括连接、传动、轴系、密封与润滑及弹簧类零件陈列柜。
(2) 减速器模型陈列柜和小型机器设备陈列柜。

17.3　实　验　方　法

(1) 学生首先预习实验指导书,对机械零件认知实验内容有大概的了解。
(2) 按照"机械设计"课程内容顺序对机械零件陈列柜中所展示的零件,由浅入深、由简单到复杂进行参观认知,而指导教师做简要讲解。
(3) 在听取指导教师讲解和自己观察的基础上,分组(每 4 人 1 组)仔细观察和讨论各种机械零部件的结构、类型、特点及应用范围。

17.4　实　验　内　容

17.4.1　螺纹连接

螺纹连接是利用螺纹零件实现的,主要用来紧固被连接零件。其基本要求是保证连接强度及连接可靠性、紧密性。

1. 螺纹的种类

常用的螺纹主要有普通螺纹、米制锥螺纹、管螺纹、梯形螺纹、矩形螺纹和锯齿形螺纹。前三种主要用于连接,后三种主要用于传动。除矩形螺纹外,其他螺纹都已标准化。除管螺纹保留英制外,其余都采用米制螺纹。

2. 螺纹连接的基本类型

常用的有普通螺栓连接、双头螺柱连接、螺钉连接及紧定螺钉连接。除此之外,还有一些特殊结构连接,如专门用于将机座或机架固定在地基上的地脚螺栓连接,装在大型零部件的顶盖或机器外壳上便于起吊用的吊环螺钉连接,以及应用在设备中的 T 形槽螺栓连接等。

3. 螺纹连接的防松

防松的根本问题在于防止螺旋副在受载时发生相对转动。防松的方法,按其工作原理可分为摩擦防松、机械防松及永久防松等。摩擦防松简单、方便,但没有机械防松可靠。对于重要连接,特别是在机器内部的不易检查的连接,应采用机械防松方法。

常见的摩擦防松方法有对顶螺母、弹簧垫圈及自锁螺母等。机械防松方法有开口销与六角开槽螺母、止动垫圈及串联钢丝等。永久防松有铆合、冲点等。铆合防松是在螺母拧紧后将螺栓末端伸出部分铆死的方法,冲点防松是利用冲头在螺栓末端与螺母的旋合处打冲点,利用冲点防松的方法。

17.4.2 标准连接零件

标准连接零件一般是由专业企业按国家标准(GB)成批生产、供应市场的零件。这类零件的结构形式和尺寸都已标准化,设计时可根据有关标准选用。通过实验,学生们要能区分螺栓与螺钉,能了解各种标准化零件的结构特点及使用情况,并且逐步树立标准化意识。

1. 螺栓

螺栓一般与螺母配合用于连接被连接零件,无需在被连接的零件上加工螺纹,其连接结构简单、装拆方便,种类较多、应用最广泛。

2. 螺钉

螺钉连接的特点是螺钉直接拧入到被连接件的螺纹孔中,不用螺母配合,结构简单,但头部形状较多,以适应不同装配要求。它常用于受力不大、经常拆装、结构紧凑的场合。

3. 螺母

螺母形式很多,按形状可分为六角螺母、四方螺母及圆螺母等。按连接用途可分为普通螺母、锁紧螺母及悬置螺母等。应用最广泛的是六角螺母及普通螺母。

4. 垫圈

垫圈种类有平垫圈、弹簧垫圈及锁紧垫圈等。平垫圈主要用于保护被连接件的支承面,弹簧垫圈及锁紧垫圈主要用于摩擦和机械防松场合。

5. 挡圈

挡圈常用于轴端零件固定。它主要有轴用挡圈、孔用挡圈、轴肩挡圈等。

17.4.3 键连接

键是一种标准零件,通常用于实现轴与轮毂之间的周向固定以传递转矩,有的还能实现轴上零件的轴向固定或轴向滑动时的导向。

键的主要类型有:平键连接、楔键连接和切向键连接。各类键使用的场合不同,键槽的加工工艺也不同。可根据键连接的结构特点、使用要求和工作条件来选择键的类型;键的尺寸则应符合标准规格和强度要求来取定。

17.4.4 机械传动

机械传动有螺旋传动、带传动、链传动、齿轮传动及蜗杆传动等。各种传动都有不同的特点和使用范围,这些传动知识在"机械设计"课程中都有详细介绍。在这里主要通过实物观察,增加同学们对各种机械传动知识的感性认识,为今后理论学习及课程设计打下良好基础。

1. 带传动

带传动是由动力机驱动主动带轮,传动带以一定的初拉力张紧在带轮上,依靠带与带轮的摩擦或啮合带动从动轮一起转动,实现运动和动力的传递。它具有传动中心距大、结构简单、超载打滑(减速)等特点。

常有平带传动、V 带传动、多楔带及同步带传动等。

平带传动结构最简单,带轮容易制造,在传动中心距较大的情况下应用较多。

V 带为一整圈无接缝的结构,故质量均匀,在同样张紧力下,V 带传动较平带传动能产生更大的摩擦力,再加上传动比较大、结构紧凑,且可标准化生产因而应用广泛。

多楔带传动兼有平带和 V 带传动的优点,柔性好、摩擦力大、传递的功率大,并能解决多根 V 带长短不一,各带受力不均匀的问题。它主要用于传递功率较大而结构要求紧凑的场合,传动比可达 10,带速可达 40 m/s。

同步带沿纵向制有很多齿,带轮轮面上也制有相应的齿。它是靠齿的啮合进行传动的,具有带与轮的速度一致等特点。

2. 链传动

链传动是一种挠性传动,由链条和链轮组成,通过链轮轮齿与链条链节的啮合来传递运动和动力。与带传动相比,链传动无弹性滑动和打滑现象,能保持准确的平均传动比,传动效率高。按用途不同可分为传动链传动、输送链传动和起重链传动等。输送链和起重链主要用在运输和起重机械中。而在一般机械传动中,常用的传动链有短节距精密滚子链(简称滚子链)、齿形链等。

为使传动平稳、结构紧凑,宜选用小节距单排滚子链,当速度高、功率大时,则应选用小节距多排滚子链。

齿形链又称无声链,它是由一级带有两个齿的链板左右交错并列铰接而成的。齿形链设有导板,以防止链条在工作时发生侧向窜动。与滚子链传动相比,齿形链传动平稳、无噪声,承受冲击性能好、工作可靠。

链轮是链传动的主要零件。链轮的齿形已标准化,因此链轮设计的工作主要有确定其结构尺寸,选择材料及热处理方法等。

3. 齿轮传动

齿轮传动是机械传动中最重要的传动之一,形式多样、应用广泛。其主要特点是效率高、结构紧凑、工作可靠、传动比稳定等。它可做成开式、半开式及封闭式传动。

齿轮的失效形式主要有轮齿折断、齿面点蚀、齿面磨损、齿面胶合及塑性变形等。

常用的渐开线齿轮有直齿圆柱齿轮、斜齿圆柱齿轮、标准锥齿轮和圆弧齿圆柱齿轮等。

齿轮传动的啮合方式有内啮合、外啮合、齿轮与齿条啮合等。

学生们参观时一定要了解各种齿轮特征,其主要参数的名称及几种失效形式的主要特征,使实验在真正意义上与理论教学产生互补作用。

4. 蜗杆传动

蜗杆传动是在空间交错的两轴间传递运动和动力的一种传动机构,两轴线交错的夹角可为任意角,常用的为 90°角。

蜗杆传动的特点是:当使用单头蜗杆(相当于单线螺纹)时,蜗杆旋转一周,蜗轮只转过一个齿距,因此能实现大传动比。在动力传动中,一般传动比 $i=5\sim80$。在分度机构或手动机构的传动中,传动比可达 300。若只传递运动,传动比可达 1000。由于传动比大,零件数目又少,因而结构很紧凑。在传动中,蜗杆齿是连续不断的螺旋齿,与蜗轮啮合是逐渐进入与逐渐退出的,故冲击载荷小、传动平衡、噪声小。但当蜗杆的螺旋线升角小于啮合面的当量摩擦角时,蜗杆传动便具有自锁的特性。蜗杆传动与螺旋传动相似,在啮合处有相对滑动,当速度很大、工作条件不够良好时,会产生严重摩擦与磨损,引起发热,摩擦损失较大,效率低。

根据蜗杆形状不同,分为圆柱蜗杆传动、环面蜗杆传动和锥面蜗杆传动等。同学们应通过实验了解蜗杆传动的结构及蜗杆减速器的种类和形式。

17.4.5 轴系零部件

1. 轴承

轴承是现代机器广泛应用的部件之一。轴承根据摩擦性质不同,分为滚动轴承和滑动轴承两大类。滚动轴承由于摩擦因数小,启动阻力小,而且已标准化,选用、润滑、维护都很方便,因此,在一般机器中应用较广。滑动轴承按其承受载荷方向的不同,分为径向滑动轴承和止推轴承;按润滑表面状态不同,又可分为液体动压滑动轴承、不完全液体滑动轴承及非液体滑动轴承(指工作时不加润滑剂)。根据液体滑动承载机理不同,又可分为液体动压滑动轴承(简称液体动压轴承)和液体静压滑动轴承(简称液体静压轴承),轴承理论课程中,将详细讲授其机理、结构及材料等。并且还有实验与之相配合,这次实验中同学们主要应了解各类、各种轴承的结构及特征,扩大自己的眼界。

2. 轴

轴是组成机器的主要零件之一。一切回转运动的传动零件(如齿轮、蜗轮等),都必须安装在轴上才能实现运动及动力的传递。轴的主要功用是支承回转零件及传递运动和动力。

按承受载荷的不同,可分为转轴、心轴和传动轴三类。按轴线形状不同,可分为曲轴和直轴两大类,直轴又可分为光轴和阶梯轴两类。光轴形状简单、加工容易、应力集中少,但轴上的零件不易装配及定位。阶梯轴正好与光轴相反。所以光轴主要用于心轴和传动轴,阶梯轴则常用于转轴。此外,还有一种钢丝软轴(挠性轴),它可以把回转运动灵活地传到不开敞的空间位置。

轴的失效形式主要是疲劳断裂和磨损。

防止失效的措施有,从结构设计上力求降低应力集中(如减小直径差、加大过渡圆半径等,可详看实物),提高轴的表面品质,包括降低轴的表面粗糙度,对轴进行热处理或表面强化处理等。

轴上零件的固定,主要是轴向和周向固定。

轴向固定措施有轴肩、轴环、套筒、挡圈、圆锥面、圆螺母、轴端挡圈、轴端挡板、弹簧挡圈、紧定螺钉等方式。

周向固定措施有平键、切向键、花键、圆柱销、圆锥销及过盈配合等方式。

轴看似简单,但轴的知识内容比较丰富,要想完全掌握是很不容易的。只有通过理论学习及实践知识的积累(多看、多观察)方能逐步掌握。

17.4.6 密封

机器在运转过程及气动、液压传动中需要润滑剂润滑、冷却、传力与保压等。在零件的接合面上,轴的伸出端等处容易产生油、脂、水、气等渗漏,为了防止渗漏,在这些地方常要采用一些密封的措施。密封方法和类型很多,如填料密封、机械密封、O 形圈密封、迷宫式密封、离心密封、螺旋密封等。这些密封广泛应用在泵、水轮机、阀、压气机、轴承、活塞等部件的密封中。学生们在参观时应认清各类密封零件及应用场合。

17.5　思　考　题

17-1　螺纹连接的防松类型各有什么优缺点,实际应用中如何选择合理的防松措施?

17-2　比较带传动、链传动、齿轮传动和蜗杆传动的优缺点。

17-3　列举各种类型滚动轴承的承载特点。

17-4　轴上零件的定位方法有哪些?

17.6　JS—18B 机械零件陈列柜

17.6.1　概述

本陈列柜是根据"机械设计"课程的基本教学要求而精心设计的,主要展示机械中有关连接、传动、轴承及其他通用零件的基本类型、结构形式和设计知识。整体结构协调、美观、大方。电动模型运转灵活,结构牢固。在主控制操作台单板机控制下,用指示灯灯光作为各柜讲解顺序的导向指示,同时能控制电动模型的动作,并能与播放的解说词实现同步,从而可获得令人满意的直观教学效果。因此,该陈列柜是大中专院校机械、机电类专业所必备的教学设备。

17.6.2　设备及组成

本陈列柜由 1 个主控制操作台和 18 个模型陈列柜组成,简介如下。

(1) 主控制操作台:包括 TP801 单板机 1 台;VCD 影碟机 1 台;两组＋5 V 的直流稳压电源。

(2) 第 1 柜——"螺纹连接的类型"陈列柜。

(3) 第 2 柜——"螺纹连接的应用"陈列柜。

(4) 第 3 柜——"键、花键和无键连接"陈列柜。

(5) 第 4 柜——"铆、焊、胶接和过盈配合连接"陈列柜。

(6) 第 5 柜——"带传动"陈列柜。

(7) 第 6 柜——"键传动"陈列柜。

(8) 第 7 柜——"齿轮传动"陈列柜。

(9) 第 8 柜——"蜗杆传动"陈列柜。

(10) 第 9 柜——"滑动轴承类型"陈列柜。

(11) 第 10 柜——"滚动轴承"陈列柜。

(12) 第 11 柜——"滚动轴承装置设计"陈列柜。

(13) 第 12 柜——"联轴器"陈列柜。

(14) 第 13 柜——"离合器"陈列柜。

(15) 第 14 柜——"轴的分析与设计"陈列柜。

（16）第 15 柜——"弹簧"陈列柜。

（17）第 16 柜——"减速器"陈列柜。

（18）第 17 柜——"润滑与密封"陈列柜。

（19）第 18 柜——"小型机械结构设计实例"陈列柜。

（20）18 根长 3～18 m 的连接线（两头带插头）。

本陈列柜由各种电动模型和立体模型及平面模型组成，一共有 62 个基本部分，每个基本部分都配备了引导指示灯和小标题说明。每个陈列柜背面都有一块驱动控制板，用于控制指示灯和电动模型的运转，主控制操作台控制信号通过各柜的连接排线送到各柜的驱动控制板上，控制所需的指示灯的明暗和电动机的运转情况。此外，还可在手动控制器上手动控制电动模型的运转。

主控制操作台正面嵌入 1 台 VCD 影碟机，为播放解说词用。左边抽屉内安装 1 台 TP801 型单板机，整个陈列柜的工作都由它控制。主控制操作台的箱体内安装了电源和引出线接口板，接口板上有 18 个 16 芯插座，通过连接排线可使操作台与 18 个柜相连。

17.6.3 使用方法

（1）按控制电路原理图所示，连接排线（已编号）将各柜与主控制操作台箱体内的输出接口板上对应的插座（已编号）相连，主控操作台应放置在第 9 柜与第 10 柜之间。

（2）各柜的交流 220 V 电源连接方法如下。

1 柜→2 柜→3 柜→4 柜→5 柜→6 柜→7 柜→8 柜→9 柜→主控台箱体内 220 V 插座。

18 柜→17 柜→16 柜→15 柜→14 柜→13 柜→12 柜→11 柜→10 柜→主控台箱体内 220 V 插座，最后将主控台的电源接至 220 V 市电网上。

（3）闭合主控台电源开关，指示灯亮，同时单板机数码管显示"P"，如不显示，则按下单板机上的"复位"键（在键盘外右上方的方形键），使之显示"P"。如再不显示就请断开电源，仔细阅读 TP801 单板机使用手册，或由专业维修人员查看问题所在。

（4）在单板机键盘上顺序键入 0、8、0、0，数码管显示 0800。

（5）将解说词光碟插入 VCD 机中，VCD 机自动播放解说词。当刚刚听到第 1 句"同学们……"后，立即按下单板机键盘上的"EXEC"键（执行键，在键盘的右边），数码管熄灭，此时控制操作程序已启动，第 1 柜第 1 个引导灯亮，预定的时间到后，又进入第 2 个引导灯作用范围……

（6）第 1 柜运行完毕后，控制程序又自动进入第 2 柜……直至第 18 柜。第 18 柜展示完毕后，单板机自动停止控制，并再次显示"P"，最后关闭 VCD 机和主控台电源。

（7）在程序运行时，如果中途要停止操作，即可按下单板机的"复位"键。

（8）单板机也可从任何一柜开始控制，方法是在键盘上先键入各柜控制程序的首地址（由四位数码组成），然后再按下"EXEC"键（执行键）即可。各柜控制程序的首地址如下。

第 1 柜：0800	第 2 柜：0840	第 3 柜：0880
第 4 柜：08C0	第 5 柜：0900	第 6 柜：0940
第 7 柜：0980	第 8 柜：09C0	第 9 柜：0A00
第 10 柜：0A40	第 11 柜：0A80	第 12 柜：0AC0
第 13 柜：0B00	第 14 柜：0B40	第 15 柜：0B80
第 16 柜：0BC0	第 17 柜：0C00	第 18 柜：0C40

对应各柜的解说词也可应用 VCD 机的选曲功能选择,如要讲解第 4 柜,在 VCD 机上选择"第 4 柜"即可,但注意与程序的控制同步。

(9)注意:严禁在单板机加上电源后或正在操作时,接上或拔下任何芯片和连接线。柜后驱动控制板上加有 220 V 的交流电源,维修时必须断开 220 V 电源,防止触电事故。

17.6.4 机械设计(机械零件)陈列柜中的具体内容

机械设计陈列柜共有 18 个柜,系统展示连接、传动、轴系及其他通用零件的基本类型、结构形式和设计知识,目的在于帮助同学们增强感性认识,提高机械设计能力。

1. 第 1 柜——螺纹连接的基本知识

(1)螺纹连接和螺旋传动都是利用螺纹零件实现的。常用螺纹类型很多,同学们现在看到的是两类 8 种,即用于紧固的粗牙普通螺纹、细牙普通螺纹、圆柱螺纹、圆锥管螺纹和圆锥螺纹;用于传动的矩形螺纹,梯形螺纹、锯齿形螺纹以及左、右旋螺纹。

(2)螺纹连接在结构上有四种基本类型。这里依次可以看到,螺栓连接、双头螺柱连接、螺钉连接和紧定螺钉连接等。螺栓连接,又有普通螺栓连接与配合螺栓连接之分。普通螺栓连接的结构特点是连接件上通孔和螺栓杆间留有间隙,而配合螺栓连接的孔和螺栓杆间则采用过渡配合。除这四种基本类型外,还可以看到吊环螺钉连接、T 形槽螺栓连接、地脚螺栓连接和配合螺栓连接等特殊结构类型。

(3)螺纹连接离不开连接件。螺纹连接件种类很多,这里陈列有常见的螺栓、双头螺柱、螺钉、螺母、垫圈等,它们的结构形式和尺寸都已标准化,设计时可根据有关标准选用。

2. 第 2 柜——螺纹连接的应用与设计

(1)为了防止连接松脱以保证连接可靠,设计螺纹连接时必须采取有效的防松措施,这里陈列有靠摩擦防松的对顶螺母、弹簧垫圈、自锁螺母;靠机械防松的开口销与六角开槽螺母、止动垫圈、串联钢丝,以及特殊的端铆、冲点等防松方法。

(2)绝大多数螺纹连接在装配时都必须预先拧紧,以增强连接的可靠性和紧密性。对于重要的连接,如缸盖螺栓连接,既需要足够的预紧力,但又不希望出现预紧力过大而使螺栓过载拉断的情况。因此,在装配时要设法控制预紧力。控制预紧力的方法和工具很多,这里陈列的测力矩扳手和定力矩扳手就是常用的工具。测力矩扳手利用弹性变形来指示拧紧力的大小;定力矩扳手则利用过载时卡盘与柱销打滑的原理,调整弹簧的压紧力来控制拧紧力的大小。

(3)螺纹连接应用广泛,这里陈列了一些应用方面的模型。在应用中,作为紧固用的螺纹连接,要保证连接强度和紧密性,作为传递运动和动力的螺旋传动,则要保证螺旋副的传动精度、效率和磨损寿命等。

(4)为了提高螺栓连接的强度,可以采取很多措施,这里陈列的腰状杆螺栓、空心螺栓、螺母下装有弹性元件以及在气缸螺栓连接中刚度较大的硬垫片或密封环密封,都能降低影响螺栓疲劳强度的应力幅。悬置螺母、环槽螺母、内斜螺母等均载螺母,能改善螺纹牙上载荷分布不均现象。球面垫圈、腰状杆螺栓连接,在支承面上加工出凸台或沉孔座,在倾斜支承面处加斜面垫圈等,都能减少附加弯曲应力。此外,合理的制造工艺方法,也有利于提高螺栓强度。

3. 第 3 柜——键、花键和无键连接

(1)键是一种标准零件,通常用于实现轴与轮毂之间的周向固定,并传递转矩。这里陈列有键连接的几种主要类型,依次为普通平键连接、导向平键连接、滑键连接、半圆键连接、楔键连接和切向键连接。在这些键连接中,普通平键连接应用最为广泛。

（2）花键连接由外花键和内花键组成。花键连接按其齿形不同，分为矩形花键、渐开线花键和三角形花键等，它们都已标准化。花键连接虽然可以看做是平键连接在数目上的发展，但其结构与制造工艺不同，在强度、工艺和使用上也表现出新的特点。

（3）凡是轴与毂的连接不用键或花键的，统称无键连接。这里陈列的型面连接模型，就属于无键连接的一种。无键连接减小了应力集中，所以能传递较大的转矩，但加工比较复杂。以上各种键的类型可看展台上的附图。

（4）销主要用来固定零件之间的相对位置，也可用于轴与毂的连接或其他零件的连接，并可传递不大的载荷。还可以作为安全装置中的过载剪断元件，称为安全销。销可分为圆柱销、圆锥销、槽销、开口销等。

4. 第 4 柜——铆接、焊接、胶接和过盈配合连接

（1）铆接是一种早就使用的简单的机械连接，主要由铆钉和被连接件组成。这里陈列有三种典型铆缝结构形式，依次为搭接、单盖板对接和双盖板对接。此外，还可以看到常用的铆钉在铆接后的七种形式。铆接具有工艺设备简单、抗震、耐冲击和牢固可靠等优点，但结构一般较为笨重，铆件上的钉孔会削弱强度，铆接时一般噪声很大。因此，目前除在桥梁、建筑、造船等工业部门仍常采用外，应逐渐减少，并为焊接、胶接所代替。

（2）焊接的方法很多，如电焊、气焊和电渣焊等，其中尤以电焊应用最广。电焊焊接时形成的接缝称为焊缝。按焊缝特点，焊接有正接填角焊，搭接填角焊，对接焊和塞焊等基本形式。

（3）胶接是利用胶粘剂在一定条件下把预制元件连接在一起，并具有一定的连接强度的方法。胶接时，要正确选择胶粘剂和设计胶接接头的结构形式。这里陈列的是板件接头、圆柱形接头、锥形及盲孔接头、角接头等典型结构。

（4）过盈配合连接是利用零件的配合过盈来达到连接目的的，这里陈列的是常见的圆柱面过盈配合连接。

5. 第 5 柜——带传动

（1）机械传动系统经常采用带传动来传递运动和动力。观察带传动模型可知，它由主、从动带轮及套在两轮上的传动带所组成，当电动机驱动主动轮转动时，带和带轮间摩擦力的作用拖动从动轮一起转动，并传递一定的动力。

传动带有多种类型，这里陈列有平带、标准普通 V 带、接头 V 带、多楔 V 带及同步带。其中，以标准普通 V 带应用最广。这种传动带制成无接头的环带，按横剖面尺寸分为 Y、Z、A、B、C、D、E 7 种型号。

（2）V 带轮结构这里陈列有实心式、腹板式、孔板式和轮辐式等常用形式。选择什么样的结构形式，主要取决于带轮的直径。带轮尺寸由带轮型号确定。

（3）为了防止 V 带松弛，保证带的传动能力，设计时必须考虑张紧问题。常见的张紧装置有：滑道式定期张紧装置，摆架式定期张紧装置，利用电动机自重的自动张紧装置以及张紧轮装置。

6. 第 6 柜——链传动

（1）链传动属于带有中间挠性件的啮合传动。观察链传动模型可知，它由主、从动链轮和链条所组成。按用途不同，链可分为传动链和起重运输链等工种。在一般机械传动中，常用的是传动链。这里陈列有常见的单排滚子链、双排滚子链、齿形链和起重链等。

（2）链轮是链传动的主要零件。这里陈列有整体式、孔板式、齿圈焊接式和齿圈用螺栓连接式等不同结构的链轮。滚子链链轮的齿形已经标准化，可用标准刀具加工。

（3）传动链类型有许多种，这里陈列的有套筒滚子链、双列滚子链、起重链条和链接头等，它们都广泛地运用在机械传动中。

（4）链传动的布置与张紧。链传动的布置是否合适，对传动的工作能力及使用寿命都有较大影响。水平布置时，紧边在上在下都可以，但在上好些。垂直布置时，为保证有效啮合，应考虑中心距可调，设张紧轮，使上、下两轮偏置等措施。

（5）链传动张紧的目的，主要是避免在链条垂度过大时产生啮合不良和链条的振动现象。这里有张紧轮定期张紧、张紧轮自动张紧和压板定期张紧等方法。

7. 第 7 柜——齿轮传动

（1）齿轮传动是机械传动中最主要的一类传动，形式很多，应用广泛。这里有最常用的直齿圆柱齿轮传动、斜齿圆柱齿轮传动、人字齿轮传动、齿轮齿条传动、直齿圆锥轮传动和曲齿锥齿轮传动等。

（2）了解齿轮失效形式是设计计算齿轮传动的基础。这里陈列展示有齿轮常见的五种失效形式模型，它们分别是轮齿折断、齿面磨损、点蚀、胶合及塑性变形。针对失效形式，可以建立相应的设计准则。目前在设计一般用途的齿轮传动时，通常只按保证齿根弯曲疲劳强度及保证齿面接触疲劳强度两准则进行计算。

（3）为了进行强度计算，必须对轮齿进行受力分析，这里陈列的直齿轮、斜齿轮和锥齿轮轮齿受力分析模型，可以帮助我们形象地了解，齿轮法向力分解为圆周力、径向力及轴向力的情况，至于各分力的大小，可由相应的计算公式确定。

（4）齿轮的结构形式这里有齿轮轴、实心式、腹板式、带加强筋的腹板式、轮辐式等常用结构形式，设计时主要根据齿轮的尺寸确定。

8. 第 8 柜——蜗杆传动

（1）蜗杆传动是用来传递空间互相垂直而不相交的两轴间的运动和动力的传动机构。它具有传动比大而结构紧凑等优点，应用较广。这里展示的是普通圆柱蜗杆传动、圆弧圆柱蜗杆传动、环面蜗杆传动及锥蜗杆传动等常见类型，其中应用最多的是普通圆柱蜗杆传动，即阿基米德蜗杆传动，在通过蜗杆轴线并垂直于蜗轮轴线的中间平面上，蜗杆与蜗轮的啮合关系可以看做是直齿齿条和齿轮的啮合关系。

（2）由于蜗杆螺旋部分的直径不大，所以常和轴做成一个整体。这里陈列有两种结构形式的蜗杆，其中一种无退刀槽，螺旋部分只能用铣削加工，另一种则有退刀槽，螺旋部分可以车削加工也可以铣削加工，但这种结构的刚度较前一种差。当螺杆螺旋部分的直径较大时，也可以将蜗杆与轴分开制作。

（3）常用的蜗轮结构形式也有多种，这里陈列有齿圈式、螺栓连接式、整体浇铸式和拼铸式等典型结构，设计时可根据蜗杆尺寸选择。

（4）在设计蜗杆传动时，要进行受力分析，这里陈列的受力分析模型，展示出齿面法向载荷分解为圆周力、径向力及轴向力的情况，各分力的大小由计算公式计算。

9. 第 9 柜——滑动轴承

（1）滑动摩擦轴承简称滑动轴承，用来支承转动零件。按其所能承受的载荷方向不同，有向心轴承与推力轴承之分。现在看到的是对开式向心滑动轴承，用来承受径向载荷。从结构上看，它由对开式轴承座、轴瓦及连接螺栓组成，这是独立使用的向心轴承的基本结构形式。此外，这里还陈列有整体式向心滑动轴承，带锥形表面轴套的滑动轴承，多油楔的滑动轴承和扇形块可倾轴瓦的滑动轴承等结构形式。

（2）推力滑动轴承用来承受轴向载荷。它由轴承座与推力轴颈组成。这里展示的是固定的推力轴承的几种结构形式，依次为实心式、单环式、空心式和多环式等。

（3）在滑动轴承中，轴瓦是直接与轴颈接触的零件，是轴承重要组成部分，常用的轴瓦可分为整体式和剖分式两种结构。为了把润滑油导入整个摩擦表面，轴瓦或轴颈上须开设油孔或油槽。油槽的形式一般有纵向槽，环形槽及螺旋槽等。

（4）根据滑动轴承的两个相对运动表面间油膜形成原理的不同，滑动轴承分为动压滑动轴承和静压滑动轴承两类，这里展示有向心动压滑动轴承的工作状况，由此可以看出，只有轴颈转速达到一定值，才有可能实现完全液体摩擦状态。

（5）静压轴承是依靠外界供给一定的压力油而形成承载油膜，使轴颈和轴承相对转动时处于完全液体摩擦状态的，这里的模型展示了这种滑动轴承的基本原理。

10. 第 10 柜——滚动轴承类型

（1）滚动轴承是现代机器中广泛应用的部件之一。观察滚动轴承可知，其由内圈、外圈、滚动体和保持架等四部分组成。滚动体是形成滚动摩擦的基本元件，它可以制成球状或不同的滚子形状，相应地有球轴承和滚子轴承。

（2）滚动轴承按承受的外载荷不同，可以概括地分为向心轴承，推力轴承和向心推力轴承三大类，在各个大类中，又可做成不同结构、尺寸、精度等级，以便适应不同的技术要求，这里陈列出常用的十大类轴承，它们分别为深沟球轴承、调心球轴承、圆柱滚子轴承、调心滚子轴承、滚针轴承、螺旋滚子轴承、角接触球轴承、圆锥滚子轴承、推力球轴承和推力调心滚子轴承等。

（3）为便于组织生产，国家标准 GB/T 272—1993 规定了轴承代号的表示方法。大家应先熟悉基本代号的含义。据此可以识别常用轴承的主要特色。

（4）滚动轴承工作时，轴承元件上载荷和应力是变化的。连续运转的轴承有可能发生疲劳点蚀，因此需要按疲劳寿命选择滚动轴承的尺寸。

11. 第 11 柜——滚动轴承装置设计

要保证轴承顺利工作，就必须解决轴承的安装、紧固、调整、润滑、密封等问题，即进行轴承装置的结构设计或轴承组合。

（1）常用的十种轴承支承结构模型　简介如下。

第一种为直齿轮轴承支承结构，它采用深沟球轴承，两轴承内圈一侧用轴肩定位，外圈靠轴承盖作轴向紧固，属两端固定的支承结构。右端轴承外圈与轴承盖间留有间隙，采用 U 形橡胶油封密封。

第二种是直齿轮轴承支承结构，它采用深沟球轴承和嵌入式轴承盖，轴向间隙靠右端轴承外圈与轴盖间的调整环保证，采用密封槽密封。显然，这也是两端固定的支承结构。

第三种为人字齿轮轴承支承结构，采用外圈无挡边圆柱滚子轴承，靠轴承内、外圈作双向轴向固定。工作时轴可以自由地作双向轴向移动，实现自动调节。这是一种两端游动的支承结构。

第四种为斜齿轮轴承支承结构，采用角接触轴承，两轴承内侧加挡油盘，进行内部封，靠轴承盖与箱体间的调整片来保证轴承有合适的轴向间隙，采用 U 形橡胶油封密封。这也是两固定的支承结构。

第五种、第六种都是斜齿轮轴承支承结构，请同学们自己分析它们的结构特点。

第七种、第八种为小圆锥齿轮轴承支承结构，都采用圆锥滚子轴承，一种正装，一种反装。套杯内外两垫片可分别用来调整轮齿的啮合位置及轴承的间隙，采用毡圈密封。正装方案安装调整方便,反装方案应使支承刚度稍大,结构复杂,安装调整不便。

第九种、第十种为蜗杆轴承支承结构。第九种采用圆锥滚子轴承,呈两端固定方式。第十种则为一端固定,一端游动的方式,固定端采用一对角接触球轴承。游动端采用一个深沟球轴承。这种结构可用于转速较高,轴承较大的场合。

(2) 在轴承组合设计中,轴承内、外圈的轴向紧固值得注意。这里展示了轴承内、外圈紧固的常用方法。

(3) 为了提高轴承旋转精度和增加轴承装置刚度,轴承可以预紧,即在安装时用某种方法在轴承中产生并保持一定轴向力,以消除轴承侧向间隙。这里展示有轴承的常用预紧方法。

12. 第 12 柜——联轴器

联轴器是用来连接两轴以传递运动和转矩的部件。本柜陈列有固定式刚性联轴器、可移式刚性联轴器和弹性联轴器等基本类型。

(1) 这里展示的固定式刚性联轴器是凸缘联轴器和套筒式联轴器,由于它们无可移性、无弹性元件,对所连接两轴间的偏移缺乏补偿能力,所以适合转速低、无冲击、轴的刚性大及对中性较好的场合。

(2) 这里展示的无弹性元件挠性联轴器有十字滑块联轴器、滑块联轴器、十字轴式方向联轴器和齿式联轴器等。这类联轴器因具有可移性,故可补偿两轴间的偏移。但因无弹性元件,故不能缓冲减振。

(3) 非金属弹性元件挠性联轴器的种类也很多,这里展示的有弹性套柱销联轴器、柱销联轴器、轮胎联轴器、星形弹性联轴器和梅花形弹性联轴器。它们的共同的特点是装有弹性元件,不仅可以补偿两轴间的偏移,而且具有缓冲减振的能力。

上述各种联轴器已标准化或规格化,设计时只需要参考手册,根据机器的工作特点及要求,结合联轴器的性能选定合适的类型。

13. 第 13 柜——离合器

离合器是用来连接轴与轴以传递运动转矩,但它能在机器运转中将传动系统随时分离或接合的部件,本柜陈列有牙嵌离合器、摩擦离合器和特殊结构与功能的离合器等三大类型。

(1) 这里展示的牙嵌离合器有应用较广的牙嵌离合器,内齿啮合式离合器。离合器由两个半离合器组成,其中一个固定在主动轴上,另一个用导键或花键与从动轴连接,并可用操纵机构使其作轴向移动,以实现离合器的分离与接合。这类离合器一般用于低速接合处。

(2) 这里展示的摩擦离合器有单盘摩擦离合器,多盘摩擦离合器和锥形摩擦离合器。与牙嵌离合器相比,摩擦离合器不论在任何速度时都可离合,接合过程平稳,冲击振动较小,过载时可以打滑,但其外廓尺寸较大。

(3) 除一般结构和一般功能的离合器外,还有一些特殊结构或特殊功能的离合器。这里展示的有只能传递单向转矩的滚柱式定向离合器,过载自行分离的滚球安全离合器以及控制速度的离心离合器。

14. 第 14 柜——轴的分析与设计

(1) 轴是组成机器的主要零件之一,一切回转运动的传动零件,都必须安装在轴上才能进行运动及动力传递。

轴的种类很多,这里展示有常见的光轴、阶梯轴、空心轴、曲轴及钢丝软轴等。直轴按承受载荷性质,可分为心轴、转轴和传动轴。心轴只承受弯矩;转轴既承受弯矩又承受扭矩;传动轴则主要承受扭矩。

（2）设计轴的结构时，必须考虑轴上零件的定位。这里介绍几个常用的零件定位的模型。

第一个模型，轴上齿轮靠轴肩轴向定位，用套筒压紧；滚动轴承靠套筒定位，用圆螺母压紧。齿轮用键作周向固定。

第二个模型，轴上零件用紧定螺钉固定，适用于轴向力不大的情况。

第三个模型，轴上零件利用弹簧挡圈定位，同样只适用于轴向力不大的情况。

第四个模型，轴上零件利用圆锥形轴端定位，用螺母压板压紧，这种方法只适用于轴端零件固定。

（3）轴的结构设计的第一步是指定出轴的合理外形和全部结构尺寸。这里以圆柱齿轮减速器中的输出轴的结构设计为例，介绍轴的结构设计过程。

（4）轴的结构设计的第二步，是确定各轴段的直径和长度。设计时以最小直径为基础，逐步确定安装轴承、齿轮处轴段直径。各轴段长度根据轴上零件宽度及相互位置确定。经过这一步，阶梯轴初具形态。

（5）轴的结构设计的第三步，是解决轴上零件的固定，确定轴的全部结构形状和尺寸。从零件定位模型可见，齿轮靠轴环的轴肩作轴向定位，用套筒压紧。齿轮用键周向定位。联轴器处设计出定位轴肩，采用轴端压板紧固，用键周向定位。各定位轴肩的高度根据结构需要确定，尤其要注意滚动轴承处的定位轴肩，其高度不应超过轴承内圈，以便于轴承拆卸。为减小轴在剖面突变处的应力集中，应设计有过渡圆角。过渡圆角半径必须小于与之相配的零件的倒角尺寸或圆角半径，以便零件可以得到可靠的定位。为便于安装，轴端应设计倒角。轴上的两上键槽设计在同一直线上，有利加工。

15. 第 15 柜——弹簧

（1）弹簧是一种弹性元件，它具有多次重复地随外载荷的大小而产生相应的弹性变形，卸载后又能立即恢复原状的特性。很多机械正是利用弹簧的这一特性来满足某些特殊要求的，这里陈列的几个模型，都是弹簧应用的例子。

（2）除圆柱螺旋弹簧外，我们还会看见其他类型的弹簧，如用做仪表机构的平面蜗卷形盘簧，只能承受轴向载荷，但劲度系数很大的碟形弹簧及常用于各种车辆减振的板簧。

（3）弹簧种类较多，但应用最多是圆柱螺旋弹簧。按照载荷分，它有拉伸弹簧、压缩弹簧和扭转弹簧三种基本类型。这里陈列这些弹簧的结构形式及典型的工作图。

16. 第 16 柜——减速器

减速器系指原动机与工作机之间独立的闭式传动装置，用来降低转速和相应地增大转矩。

（1）减速器的种类很多，这里陈列有单级圆柱齿轮减速器、二级展开式圆柱齿轮减速器、圆锥齿轮减速器、圆柱齿轮减速器、蜗杆减速器和蜗杆-齿轮减速器的模型。

无论哪种减速器，都是由箱体、传动件和轴系零件及附件所组成的。

箱体用于承受和固定轴承部件，并提供润滑密封条件。箱体一般用铸铁铸造。它必须有足够的刚度。剖分面与齿轮轴线所在平面相重合的箱体应用最广。

（2）由于减速器在制造、装配及应用过程中的特点，减速器还设置一系列的附件。如用来检查箱内传动件啮合情况和注入润滑油用的窥视孔及视孔盖，用来检查箱内油面高度是否符合要求的油标，更换污油的油塞，平衡箱体内处气压的通气器，保证剖分式箱体轴承座孔加工精度用的定位销，便于拆卸箱盖的起盖螺钉，便于拆装和搬运箱盖用的铸造吊耳环螺钉，用于整台减速器的起重耳钩及润滑用的油杯等。

17.　第 17 柜——密封与润滑

（1）在摩擦面间加入润滑剂进行润滑，有利于降低摩擦，减轻磨损，保护零件不遭锈蚀，而且在采用循环润滑时可起到散热降温的作用。这里陈列的是常用的润滑装置，如手工加油润滑用的压注油杯、旋套式注油杯、手动式滴油油杯、油芯式油杯等，它们适用于使用润滑油分散润滑的机器。此外，这里还陈列有油用润滑的直通式压注油杯和连续压注油杯。

（2）机器设备密封性能的好坏，是衡量设备质量的重要指标之一，机器常用的密封装置可分为接触式与非接触式两种，这里陈列的毡圈密封、皮碗密封、O 形橡胶圈密封模型，就属于接触式密封形式，接触密封的特点是结构简单、价廉，但磨损较快、寿命短，适合速度较低的场合。

（3）非接触式密封适合速度较高的地方，这里陈列的油沟密封槽密封和迷宫密封槽密封就属于非接触式密封方式。

（4）密封装置中的密封件都已标准化或规格化，这里陈列有部分密封件实件，设计时应查阅有关标准选用。

18.　第 18 柜——小型机械结构设计实例

系统地学习前面各柜所展示的连接、传动、轴系及其他通用机械零件的基本类型、结构形式和工作原理后，我们在本柜展示了一些外形美观、使用简单、日常生活中常见的，运用上述知识设计的机械实例。为了便于了解这些机械的内部结构，机械的外壳被切割开或能拆下来。

这些小型机械都是由动力装置、传动装置、工作器件和托架机座等部分组成。它们构成了一个能完成某种和多种特定功能的装置，它们设计巧妙、制作精细、使用方便，在人们的日常生活中和工作中发挥了巨大作用，极大地减轻人们的劳动强度，提高了工作效率。

这些机械的动力装置绝大部分采用小型电动机带动，但像家用压面机也可采用手动。而传动装置则要根据工作器件的特点采用不同的形式。例如，木工电刨和粉碎机采用带传动方式；电动剪刀和角磨机采用蜗杆传动方式；榨汁机、家用压面机和手电钻则采用齿轮传动方式。对于运用在高速转动的场合，如雕刻机和手电钻，还应用轴承进行支承。同时，通过对种种机械内部结构的仔细观察，可以了解到轴的类型及零件在轴上的定位方法。

第 18 章　螺栓连接综合实验

螺纹连接是最常用的可拆机械连接,应用广泛。其中应用最广的是螺栓连接。螺栓连接的受力和变形情况较复杂,因螺栓与被连接件的刚度不同,螺栓连接在承受预紧力时,螺栓被拉伸,被连接件被压缩,拉伸量与压缩量不相等。当螺栓连接再继续承受轴向工作载荷时,螺栓进一步被拉伸,被连接件因螺栓伸长而被放松,其压缩量减小,其减小量与螺栓拉伸增量相等。显然,连接受轴向工作载荷后,预紧力发生了变化,螺栓的总拉力并不等于预紧力与工作拉力之和,而等于残余预紧力与工作拉力之和。

螺栓总拉力的大小,直接关系到螺栓的强度,残余预紧力的大小,影响连接的紧密性。螺栓连接动载荷幅值的大小、螺栓与被连接件的刚度以及预紧力的大小都对螺栓连接的疲劳强度产生影响。螺栓连接综合实验通过对螺栓连接的受力与变形进行测试与分析,验证其受力变形规律,验证提高螺栓连接疲劳强度的各项措施。

18.1　实　验　目　的

(1) 了解螺栓连接在预紧过程中各部分的受力与变形情况。

(2) 计算螺栓相对刚度,并绘制螺栓连接的受力变形图。

(3) 验证受轴向工作载荷时,预紧螺栓连接的变形规律,分析影响螺栓总拉力的因素。

(4) 在螺栓的动载实验中,改变螺栓连接的相对刚度,观察螺栓动应力幅值的变化,以验证提高螺栓连接疲劳强度的各项措施。

18.2　实验设备及工作原理

18.2.1 实验设备

(1) 螺栓连接综合实验台。

(2) CQYDJ—4 静动态测量仪。

(3) 计算机及专用软件。

(4) 专用扭力旋具 0~200 N·m 一把,量程为 0~1 mm 的千分表两个。

18.2.2 螺栓连接综合实验台的结构与工作原理

螺栓连接综合实验台的结构如图 18-1 所示。

(1) 连接部分由 M16 空心螺栓、大螺母、垫片组成。空心螺栓贴有测拉力和扭矩的两组应变片,分别测量螺栓在拧紧时,所受预紧拉力和扭矩。空心螺栓的内孔中装有 M8 螺栓,拧紧或松开其上的手柄杆,即可改变空心螺栓的实际受载截面积,以达到改变连接件刚度的目的。

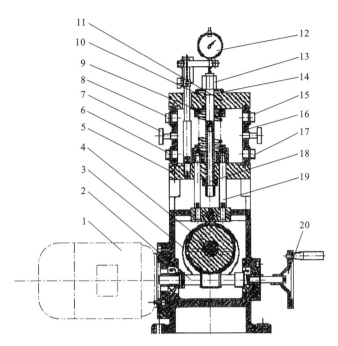

图 18-1　螺栓连接综合实验台的结构

1—电动机；2—蜗杆；3—凸轮；4—蜗轮；5—下板；6—扭力插座；7—锥塞；8—拉力插座；9—弹簧；
10—空心螺栓；11—上板；12—千分表；13—螺母；14—组合垫片（一面刚性一面弹性）；
15—八角环压力插座；16—八角环；17—挺杆压力插座；18—M8 螺栓；19—挺杆；20—手轮

（2）被连接件部分由上板、下板和八角环组成，八角环上贴有应变片，用于测量被连接件受力的大小，中部有锥形孔，插入或拔出锥塞即可改变八角环的刚度，以改变被连接件系统的刚度。组合垫片设计成刚性和弹性两用的结构，也用于改变被连接件系统的刚度。

（3）加载部分由蜗杆、蜗轮、挺杆和弹簧组成，挺杆上贴有应变片，用于测量所加工作载荷的大小，蜗杆一端与电动机相连，另一端装有手轮，启动电动机或转动手轮使挺杆上升或下降，以达到加载、卸载（改变工作载荷）的目的。

18.2.3　CQYDJ—4 型静动态测量仪的工作原理及各测点应变片的组桥方式

静动态测量仪是利用金属材料的特性，将非电量的变化转换成电量变化的测量仪，应变测量的转换元件——应变片是由金属箔片印刷腐蚀而成的，用胶粘剂将应变片牢固地贴在被测物件上，当被测件受到外力作用长度发生变化时，粘贴在被测件上的应变片也相应变化，应变片的电阻值也随着发生了 ΔR 的变化，这样就把机械量转换成电量（电阻值）的变化。用灵敏的电桥（电阻测量仪），测出电阻值的变化率 $\Delta R/R$，就可换算出相应的应变 ε，并可直接在测量仪的数码管读出应变值。通过 A/D 板该仪器可向计算机发送被测点应变值，供计算机处理。

螺栓连接综合实验台各测点均采用箔式电阻应变片，其阻值为 120 Ω，灵敏系数 $k=$ 2.20，各测点均为两片应变片，按半桥测量要求粘贴组成如图 18-2 所示半桥电路（即测量桥的两桥臂），图中 A、B、C 三点分别应为连接线中的三色细导线，其黄色线（即 B 点）为两应

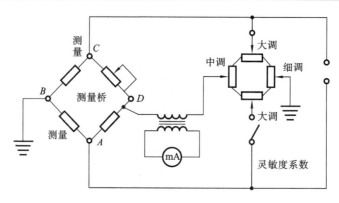

图 18-2　应变仪原理图

变片的公共点。

18.3　实 验 内 容

（1）基本螺栓连接静、动态实验（空心螺栓＋刚性垫片＋无锥塞）。
（2）改变螺栓刚度的螺栓连接静、动态实验（实心螺栓＋刚性垫片＋无锥塞）。
（3）改变被连接件刚度的螺栓连接静、动态实验（空心螺栓＋刚性垫片＋有锥塞）。
（4）改变垫片刚度的螺栓连接静、动态实验（空心螺栓＋弹性垫片＋无锥塞）。

18.4　实 验 方 法 及 步 骤

18.4.1　实验台及仪器预调与连接

（1）实验台　取出八角环上两锥塞，松开空心螺栓上的 M8 小螺栓，装上刚性垫片，转动手轮，使挺杆降下，处于卸载位置。

将两块千分表分别安装在表架上，表头分别与上板面（靠外侧）和螺栓顶面接触，用于测量连接件（螺栓）与被连接件的变形量。大螺母拧到刚好和垫片接触，但尚未拧紧。螺栓不应有松动的感觉，分别将两千分表调零。

（2）测量仪　将配套的四根输出线的插头与各测点的插座连接好，各测点的布置为：电动机侧八角环的上方为螺栓拉力，下方为螺栓扭力。手轮侧八角环的上方为八角环压力，下方为挺杆压力。然后再将各测点输出线分别接于测量仪背面 CH1、CH2、CH3、CH4 各通道的 A、B、C 接线端子上，注意黄色线接 B 端子（中点）。

（3）计算机　用配套的串口数据线接仪器背面插座，另一头连接计算机上的 RS232 串口。启动计算机，按软件使用说明书要求的步骤操作，进入实验台静态螺栓实验界面后。单击"空载调零"键后，对"应变测量值"框中数据清零，如串口数据线连接无误，则该输入框中，会有数据显示并跳动。

（4）调节静动态测量仪　通过测量仪上的选择开关，分别切换至各对应点，调节对应的"电阻平衡"电位器，使数码管为"0"，进行测点的电阻平衡。

18.4.2　螺栓连接的静、动态实验

这里以基本螺栓连接静、动态实验(空心螺栓＋刚性垫片＋无锥塞)为例说明实验方法和步骤。

(1) 进入静态螺栓主界面,单击"实验项目选择"菜单,选"空心螺杆"项(默认值)。

单击"校零"按钮,软件对上一步骤采样的数据进行清零处理。

(2) 用扭力扳手预紧被试螺栓,当扳手力矩为 30～50 N·m 时,取下扳手,完成螺栓预紧。

(3) 将千分表测量的螺栓拉变形值和八角环压变形值输入到相应的"千分表值输入"框中。单击"预紧测试"按钮,对预紧的数据进行采集和处理。如果预紧正确,单击"预紧标定"按钮,进行参数标定,此时标定系数被自动修正。

(4) 用手将实验台上手轮逆时针(面对手轮)旋转,使挺杆上升至一定高度,对螺栓轴向加载,加载高度≤16 mm。高度值可通过塞入 $\phi16$ mm 的测量棒确定。

(5) 将千分表测到的变形值再次输入到相应的"千分表值输入"框中,单击"加载测试"按钮,进行轴向加载的数据采样和处理。如果加载正确,单击"加载标定"按钮进行参数标定,此时标定系数被自动修正。

(6) 单击"实验报告"按钮,生成静态螺栓连接实验报告。

(7) 静态螺栓连接实验结束,单击"返回"按钮,可返回主界面,单击"动态螺栓"按钮,进入动态螺栓实验界面。

(8) 取下实验台右侧手轮,开启实验台电动机开关,单击"动态"按钮,使电动机运转。

进行动态工况的采集和处理。同时生成理论曲线与实际测量的曲线图。

(9) 单击"实验报告"按钮,生成实验报告。

(10) 完成上述操作后,动态螺栓连接实验结束。

其余三项实验项目:改变螺栓刚度的螺栓连接静、动态实验(实心螺栓＋刚性垫片＋无锥塞);改变被连接件刚度的螺栓连接静、动态实验(空心螺栓＋刚性垫片＋有锥塞);改变垫片刚度的螺栓连接静、动态实验(空心螺栓＋弹性垫片＋无锥塞)均按基本螺栓连接静、动态实验步骤进行。

18.5　注　意　事　项

(1) 电动机的接线必须正确,电动机的旋转方向为逆时钟方向(面向手轮正面)。

(2) 进行动态实验,开启电动机电源开关时必须注意把手轮卸下来,避免电动机转动时发生安全事故,并可减少实验台振动和噪声。

(3) 安装千分表时,表头轻轻接触被连接表面,表身应与被连接表面垂直。

18.6　实验报告样式

螺栓连接综合实验报告

学　号:_____　姓　　名:_____　日期:_____

同组人:_____　指导教师:_____　成绩:_____

1. 承受预紧力时螺栓的拉力、扭矩

将数据填入表 18-1 对应栏目中。

表 18-1 承受预紧力时螺栓的拉力、扭矩

参　　数	测　　点	
	螺栓预紧拉力 F_0/N	螺栓扭矩 $M/(N \cdot m)$
标定系数 $\mu_{标}$		
应变值 $\varepsilon/(\%)$		
力、扭矩 F/N、$M/(N \cdot m)$		

2. 承受轴向工作载荷时螺栓、被连接件受力与变形

将数据填入表 18-2 对应栏目中。

表 18-2 承受轴向工作载荷时螺栓、被连接件受力与变形

参　　数		测　　点			
		螺栓(拉)	螺栓(扭)	八角环(压)	挺杆(压)
标定系数 $\mu_{标}$		$\mu_{拉}$	$\mu_{扭}$	$\mu_{环}$	$\mu_{杆}$
应变值 $\varepsilon/(\%)$	加载前				
	加载后				
力 F/N	加载前	F_0		F_0	
	加载后	F_1		F_1	F
千分表读数 λ/mm	加载前	λ_b		λ_m	
	加载后	λ_b'		λ_m'	F

3. 螺栓连接静态受力变形实测与仿真线图

4. 螺栓连接动载荷下受力变形实测与仿真线图

5. 螺栓连接动载荷下螺栓、被连接件上的应力及工作载荷波动曲线

18.7　思　考　题

18-1　分析实验数据,说明螺栓变形与被连接件变形的协调关系。

18-2　分析影响螺栓连接相对刚度的因素。

18-3　试分析螺栓连接受力变形实测图和仿真图有差别的原因。

18.8　CQYDJ—4 型静、动态电阻应变仪使用说明

18.8.1　仪器概述

CQYDJ—4 型静、动态电阻应变仪可广泛应用于土木工程、桥梁、机械结构的实验应力分析,结构及材料任意点变形的静、动态应力分析,配接压力、扭矩、位移和温度传感器,对上述物理量进行测试。因此该仪器在材料研究、机械制造、水利工程、铁路运输、土木建筑及船舶制造等行业得到了广泛应用。

该系列静、动态电阻应变仪采用全数字化智能设计(见图 18-3),本机控制模式采用 LCD 液晶 128×64 点阵的大显示屏显示,显示当前测点序号及测得绝对应变值和相对应变值,同时具备灵敏系数数字设定,桥路单点、多点自动平衡及自动扫描测试等功能;采取计算机外控模式时,连接计算机与相应软件可组成多点静、动态电阻应变测量分析系统,完成从采集存档时生成测试报告等一系列功能,轻松实现虚拟仪器测试。

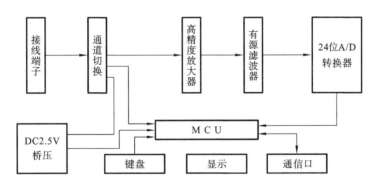

图 18-3　CQYDJ—4 型静、动态电阻应变仪系统示意图

CQYDJ—4 型静、动态电阻应变仪是该应变仪中适合高校实验室实验及小型工程测试的机型。该机型主机自带四路独立的应变测量回路,采用仪器后部接线方式,接线方法兼容常规模拟式静、动态电阻应变仪,使用方便可靠。

18.8.2　性能特点

(1) 全数字化智能设计,操作简单,测量功能丰富,能方便连接计算机实现虚拟仪器测试。

(2) 可测量全桥、半桥、1/4 桥;1/4 桥测量方式设公共补偿接线端子。

(3) 每通道测量采用独立的高精度数据放大器、高精度 24 位 A/D 转换器(四路),测量准确可靠,减少了切换变化对测试结果的影响,提高了动态测试的速度。

（4）接线时在仪器后部接插,可采用焊片或线叉,真正做到"轻松接线"。

（5）接线方式与传统模拟式静、动态电阻应变仪基本相同,减少了在静、动态电阻应变仪升级换代中的不便。

（6）接线端子采用优选进口器件,经久耐用,接触电阻变化极小。

（7）性能价格比极优,适合各大专院校力学实验室模拟应变仪升级换代。

18.8.3　主要技术指标

（1）测量范围:$0 \sim \pm 30\ 000\ \mu\varepsilon$

（2）零点不平衡:$\pm 10\ 000\ \mu\varepsilon$

（3）灵敏度系数设定范围:$2.00 \sim 2.55$

（4）基本误差:$\pm 0.2\%$F.S.± 2个字

（5）自动扫描速度:1 点/2 s

（6）测量方式:1/4 桥、半桥、全桥

（7）零点漂移:$\pm 2\ \mu\varepsilon$/24 h;$\pm 0.5\ \mu\varepsilon$/℃

（8）桥压:DC2.5 V

（9）分辨率:$1\ \mu\varepsilon$

（10）测数:4 点（独立）

（11）显示:LCD—128×64,显示测点序号、6 位测量应变值

（12）电源:AC220V（$\pm 20\%$）,50 Hz

（13）功耗:约 10 W

（14）外形尺寸:320 mm×220 mm×148 mm（宽×深×高,深度含仪器把手）。

18.8.4　面板功能键说明

正面板功能键定义如图 18-4 所示。

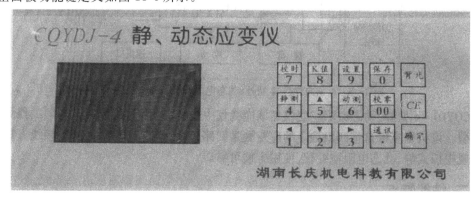

图 18-4　仪器正面板

（1）校时键　按该键后对本仪器时间进行校时。

（2）K 值键　按该键后进入应变片灵敏系数修改状态。灵敏系数设置完毕后自动保持,下次开机时仍生效。

（3）设置键　暂无操作功能。

（4）保存键　暂无操作功能。

（5）背光键　按该键后背光熄灭,再按该键背光亮。

（6）静测键　按该键进入静态电阻应变测量状态。

（7）动测键　按该键进入动态电阻应变测量状态。

（8）校零键　按该键进入通道自动校零。

（9）CE 键　按该键清除错误输入或退出该功能操作。

（10）联机键　静态应变数据采样分析系统（计算机程控）连机、退出手动测量操作。

（11）确定键　按该键确定该功能操作。

（12）▲▼键　上、下项目选择移动键。

（13）0～9 键　数字键。

背面板如图 18-5 所示。

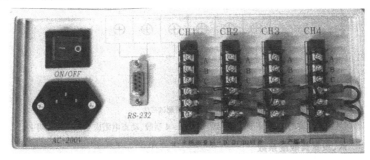

图 18-5　仪器背面板

18.8.5　使用及维护

1．准备工作

（1）根据测试要求，可使用 1/4 桥、半桥或全桥测量方式。

（2）测试时建议尽可能采用半桥或全桥测量，以提高测试灵敏度及实现测量点之间的温度补偿。

（3）将 CQYDJ—4 型静、动态电阻应变仪与 AC220 V 50 Hz 电源相连接。

2．接线

（1）电桥接线端子与测量桥原理对应关系如图 18-6 所示。A、B、G、D、D_1、D_2 为测量电桥的接线端，全桥测试时，不使用 D_1、D_2 接线端。

（2）组桥方法　CQYDJ—4 型动、静态应变仪在螺栓连接综合实验台应变测试中的接线方法如图 18-7 所示。为方便用户，出厂时已配好短接线。

1/4 桥和全桥的接线、组桥方法详见 CQYDJ—4 型静、动态电阻应变仪使用说明书。

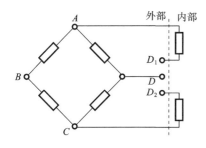

图 18-6　测量桥接线图

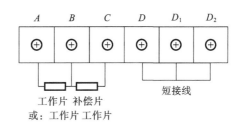

图 18-7　半桥测试接法

18.8.6　设置灵敏度系数

为适应用户在一次测试中可能使用不同灵敏系数应变片的情况,该仪器的灵敏系数设置方法有测试前设定和在测试状态设定两种方法。简介如下。

（1）在测试前按下 K 值键,进入到灵敏系数设定状态,修改完成后,按确定键确定后退出。

（2）在测试状态下按下 K 值键,进入到灵敏系数设定状态,同上。

本应变仪的灵敏系数设定范围为 2.00～2.55,出厂时设为 K＝2.20。

系统将根据用户设定的该点灵敏系数自动进行折算。这就便于用户使用不同 K 值的应变片。

18.8.7　测量

1. 测量步骤

（1）在进入静态测量状态下仪器（给电阻应变片即传感器）预热 5 min 后,即可进行测试。按校零键,应变仪将进行所有测点的桥路自动平衡。此时,通道显示从 01 依次递增到 04,LCD 液晶显示屏显示。同时校零指示灯在 LCD 液晶显示屏显示。

（2）进入动态测量状态时,进行测量,LCD 液晶显示屏显示相应动态测量状态,同时通过 RS232 通信口向上位机传送测量数据。校零同上。通信格式见附件。

（3）如通道出现短路状况,静态应变仪在 LCD 液晶显示屏显示该通道"桥压短路"字样,同时报警,通道短路消除,静态应变仪自动回复该通道测量。

2. 注意事项

（1）接线时如采用线叉,请旋紧螺丝以防止接触电阻变化。

（2）长距离多点测量时,应选择线径、线长一致的导线连接测量片和补偿片。同时导线应采用绞合方式,以减少导线的分布电容。

（3）仪器应尽量放置在远离磁场源的地方。

（4）应变片不得置于阳光下曝晒,同时测量时应避免高温辐射和空气剧烈流动的影响。

（5）应选用对地绝缘阻抗大于 500 MΩ 的应变片和测试电缆。

（6）测量过程中不得移动测量导线。

18.8.8　维护

（1）本仪器属于精密测量仪器,应置于清洁、干燥及无腐蚀性气体的环境中。

（2）移动搬运时应防止剧烈振动、冲击、碰撞和跌落,放置地点应平稳。

（3）非专业人员不得拆装仪表,以免发生不必要的损坏。

（4）禁止用水和强溶剂（如苯、硝基类油等）擦拭仪器机壳和面板。

第 19 章　带传动实验

带传动是依靠带与带轮之间的摩擦力来传递运动和动力的。由于带的弹性较大,在传动过程中带与带轮之间会出现弹性滑动及打滑现象,而且带传动的传动比、传动效率与弹性滑动有关,承载能力与打滑有关,弹性滑动和打滑是带传动教学的重点及难点。通过实验学生可直观观察弹性滑动及打滑现象,加深理解,并对实验数据进行处理分析,以便更进一步掌握带传动的相关知识。

19.1　实 验 目 的

(1) 了解带传动实验台的结构及工作原理,掌握带传动转矩、转速的测量方法。

(2) 观察带传动中的弹性滑动及打滑现象。

(3) 验证初拉力对带传动承载能力的影响。

(4) 测定并绘制带传动的弹性滑动曲线和效率曲线,了解带传动所传递的载荷与弹性滑动率及效率之间的关系。

19.2　实验设备及工作原理

带传动实验台分 A、B、C 型三种,其工作原理一样,只是数据分析和曲线绘制方法不同。A 型是普通型,通过百分表读数,人工记录处理数据,手工绘制曲线。B、C 型是由传感器采集数据,由专用多媒体软件对实验数据进行处理分析,并自动形成弹性滑动曲线和效率曲线。其中 B 型为台式,只能做平带传动实验。C 型为柜体落地式,能做平带、V 带及 O 带传动实验。下面以 B 型为例介绍其结构及工作原理。

19.2.1　实验台结构与工作原理

1. 实验台结构

主机部分是带传动装置,如图 19-1 所示。该实验台的主要部件是两个直流电动机,其中一个为主动电动机 5,用做电动机其轴上装主动带轮。另一个为从动电动机 8 作为发电机使用,其轴上装从动带轮,其电枢绕组两端接上灯泡负载 9。主动电动机固定在一个以水平方向移动的底板 1 上,与发电机由一根平带 6 连接。在与移动底板相连的砝码架上加上砝码,即可拉紧皮带 6。

2. 实验台的工作原理

主动带轮的驱动转矩和从动带轮的负载转矩是通过电动机外壳的反力矩来测定,电动机定子未固定可转动,其外壳上装有测力杆 4,支点压在压力传感器 3 上。主、从动带轮的力矩可直接在面板 11 的数码管上读取,并可传到计算机中进行计算分析。两电动机后端装有光电测速装置 7,所测转速在面板上各自的数码管上显示。并可传到计算机中进行计算分析。

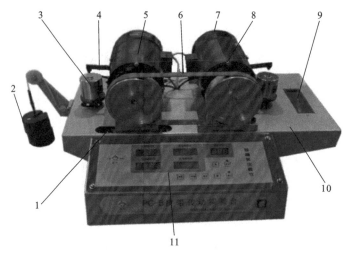

图 19-1　带传动实验台

1—电动机移动底板;2—砝码;3—传感器;4—弹性测力杆;5—主动电动机;
6—平皮带;7—光电测速装置;8—发电机;9—电子加载;10—机壳;11—操纵面板

19.2.2　相关计算公式及说明

1. 转矩计算

主动轮转矩为　　　　　　　　　　　　$T_1 = F_1 \times L_1$

从动轮转矩为　　　　　　　　　　　　$T_2 = F_2 \times L_2$

式中:F_1、F_2——主、从动轮压力传感器测得的数值,N;

　L_1、L_2——两个力臂,且 $L_1 = L_2 = 120$ mm。

主、从动轮转速和压力传感器产生的压力可通过面板直接读出。

2. 弹性滑动率和效率的计算

因为 $L_1 = L_2$,$D_1 = D_2$,可得

$$\varepsilon = \left(1 - \frac{n_2}{n_1}\right) \times 100\%$$

$$\eta = \frac{P_2}{P_1} = \frac{T_2 \times n_2}{T_1 \times n_1} = \frac{F_2 \times n_2}{F_1 \times n_1}$$

式中:P_1、P_2——主动、从动轮上的功率,W;

　n_1、n_2——主动、从动轮的转速,$r/\min$。

19.3　实　验　内　容

（1）带传动弹性滑动曲线和效率曲线的测量绘制　该实验装置采用压力传感器和 A/D 转换器采样并转换成主动带轮和从动带轮的驱动力矩和阻力矩数据,采用角位移传感器和 A/D 转换器板采样并转换成主、从动带轮的转数。最后输入计算机进行处理作出滑动曲线和效率曲线。学生可了解带传动的弹性滑动和打滑对传动效率的影响。

（2）观察带传动运动模拟　该实验装置配置的计算机软件,在输入实测主、从动带轮的转数后,通过 D/A 转换作出带传动运动模拟曲线,以便观察带传动的弹性滑动和打滑现象。

19.4　实验方法及步骤

（1）接通电源，实验台指示灯亮。启动计算机，单击"带传动"图标，进入带传动实验分析的界面。

（2）调整测力杆，使其处于平衡状态。加砝码 3 kg，使带有初拉力。

（3）按操作规程缓慢启动实验台的电动机，将转速 n 调至 1 000 r/min，待带传动运转平稳后，记录主从动轮转速 n_1、n_2 和压力传感器产生的压力 F_1、F_2。

（4）在带传动实验分析界面，单击"运动模拟"按钮，再单击"加载"按钮，每间隔 5～10 s（等数据稳定后再加载）逐个打开灯泡加载，单击"稳定测试"按钮，逐组记录数据 n_1、n_2 和 F_1、F_2，注意 n_1、n_2 的差值。继续加载，到 $\varepsilon \geqslant 3\%$ 时，带传动进入打滑区，若再继续加载，n_1、n_2 的差值迅速增大，出现明显打滑现象。分别在实验台及实验分析界面的运动模拟窗口观察弹性滑动及打滑现象。

（5）单击"实测曲线"按钮，绘制带传动弹性滑动曲线和效率曲线，并打印。

（6）关闭电动机，按面板卸载键，关闭全部灯泡。

（7）将砝码减到 2 kg，再重复步骤（3）至步骤（6）。

（8）关闭实验台电源，取下砝码，在实验分析界面上单击"退出系统"按钮，整理实验数据。

19.5　注　意　事　项

（1）实验前反复滑动电动机移动底板，使其滑动灵活。清洁带与带轮。

（2）通电前面板上调速旋钮逆时针旋到底（转速最低），连接地线。加上一定的砝码使带张紧。断开发电机所有负载。

（3）带开始打滑后，运转时间不能过长，以防带过度磨损。

（4）实验时应等电动机转动平稳、窗口数据稳定后采样数据，两次采样间隔时间为 5～10 s。

（5）若出现平带飞出情况，可将带调头后再装上带轮，进行实验。若仍出现平带飞出的现象，则需拧松电动机支座固定螺钉，将两电动机的轴线调整平行后再拧紧螺钉。

19.6　思　考　题

19-1　产生带传动的弹性滑动和打滑现象的原因是什么？弹性滑动能避免吗？

19-2　当主动轮和从动轮直径不同时，打滑发生在哪个轮上？

19-3　影响带传动能力还有哪些因素？带传动的初拉力对承载能力有何影响？如何选择最优初拉力？

19-4　带传动的效率如何测得？有哪些因素会产生实验误差？传动效率为什么随有效拉力的增加而增加，到达最大值后又下降？

第20章　机械传动系统方案设计和性能测试综合实验

传动系统是大多数机器或机组的主要组成部分,传动系统在整台机器的质量和成本中都占有很大的比例。机器的工作性能和运转费用也在很大程度上取决于传动系统的优劣。机械系统传动方案设计是机械设计的主要内容。本实验要求学生根据实验任务卡的要求,设计传动方案,并进行拼装,对设计的传动方案做性能测试,评价所设计的传动方案。

20.1　实　验　目　的

(1) 培养学生根据机械传动实验任务卡,进行自主设计传动方案的能力。
(2) 掌握械传动性能综合测试的工作原理和方法。
(3) 测试常用机械传动系统(如带传动、链传动、齿轮传动、蜗杆传动等)在传递运动与动力过程中的参数曲线(如速度曲线、转矩曲线、传动比曲线、功率曲线及效率曲线等),加深对常见机械传动性能的认识和理解。

20.2　实验设备及工作原理

20.2.1　实验台组成部件

本实验在机械传动性能综合测试实验台上进行,实验台由变频电动机、联轴器、机械传动装置、加载装置和工控机几个模块组成,另外还有实验专用软件。系统性能参数的测量通过测试软件控制,安装在工控机主板上的两块转矩转速测试卡与转矩转速传感器连接。学生可以根据自己的实验方案进行传动连接、安装调试和测试,进行设计性实验、综合性实验或创新性实验。实验台的结构布局如图 20-1 所示。

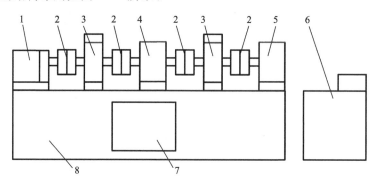

图 20-1　实验台的结构布局

1—变频调速电动机;2—联轴器;3—转矩转速传感器;4—机械传动装置;

5—加载与制动装置;6—工控机;7—电器控制柜;8—台座

实验台组成部件的主要技术参数如表 20-1 所示。

表 20-1 实验台主要部件技术参数

组 成 部 件	技 术 参 数	备 注
变频调速电动机	550 W	
ZJ 型转矩转速传感器	Ⅰ. 规格 10 N·m； 输出信号幅度不小于 100 mV Ⅱ. 规格 50 N·m； 输出信号幅度不小于 100 mV	
机械传动装置（试件）	直齿圆柱齿轮减速器 $i=5$ 蜗杆减速器 $i=10$ V 带传动 齿形带传动 $P_b=9.525, z_b=80$ 套筒滚子链传动 $z_1=17, z_2=25$	1 台 WPA50-1/10 O 形带 3 根 1 根 08A 型 3 根
磁粉制动器	额定转矩：50 N·m 激磁电流：2 A 允许滑差功率：1.1 kW	加载装置
工控机	IPC-810A	控制电动机和负载 采样数据，打印曲线

20.2.2 实验台工作原理

机械传动性能综合测试实验台的工作原理如图 20-2 所示。

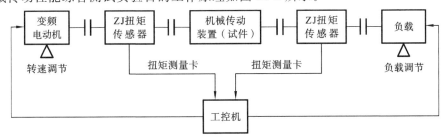

图 20-2 实验台的工作原理

实验台通过转矩转速传感器、测试卡和工控机可以自动测试转速 n（r/min）、转矩 T（N·m）。利用实验台配套的测试软件可采样转速、转矩、功率、传动比和效率数据。机械传动系统性能一般通过观察传动系统工作情况和分析力学性能参数曲线来得到。要观察系统传动是否平稳、有否噪声。要分析系统的传动比、效率在转速不变的情况下，随转矩变化的曲线，转速可在高速、中速范围内取几个恒定的值进行测量。传动比、效率在转矩不变的情况下，随转速变化的曲线，转矩可在大负荷、中负荷范围内取几个恒定的值进行测量。其中功率、传动比和效率数据是根据传感器测量数据通过如下关系计算得到的。

功率为
$$P=\frac{Tn}{9\,550}$$

传动比为
$$i=\frac{n_1}{n_2}$$

效率为
$$\eta=\frac{P_2}{P_1}=\frac{T_2 n_2}{T_1 n_1}$$

式中:下标1、2——传动系统中高速级和低速级。

20.3 实验方法及步骤

(1)学生根据自己的实验任务卡(见表20-2),写好机械系统传动方案书,方案书经实验指导教师认可后,方可进行实验。

表 20-2 机械传动方案设计和性能测试综合实验任务卡

任务卡号	设计参数及工作条件
任务卡 1	设计参数:工作机功率 $P_w = 500$ W,工作机转速 $n_w = 150$ r/min 工作条件:载荷有冲击,工作机距原动机较远
任务卡 2	设计参数:工作机功率 $P_w = 500$ W,工作机转速 $n_w = 150$ r/min 工作条件:载荷有冲击,要求传动比准确
任务卡 3	设计参数:工作机功率 $P_w = 500$ W,工作机转速 $n_w = 150$ r/min 工作条件:载荷平稳,工作环境有粉尘,要求传动比准确
任务卡 4	设计参数:工作机功率 $P_w = 350$ W,工作机转速 $n_w = 100$ r/min 工作条件:载荷有冲击
任务卡 5	设计参数:工作机功率 $P_w = 350$ W,工作机转速 $n_w = 100$ r/min 工作条件:载荷有冲击,要求传动比准确
任务卡 6	设计参数:工作机功率 $P_w = 350$ W,工作机转速 $n_w = 100$ r/min 工作条件:载荷平稳,工作环境有粉尘,要求传动比准确

实验要求:设计满足条件的机械传动系统,按照所设计传动系统的组成方案在综合实验台上搭接机械传动性能综合测试系统,分析传动系统的性能

(2)按照传动方案,搭接机械传动测试系统,并正确连线。

(3)在启动电动机前,用手转动连接轴,观察并感觉系统运转是否灵活,否则要重新检查直至达到要求为止。

(4)启动工控机和测试软件,将控制台电动机的工作方式置于自动。

(5)转矩转速传感器调零,选择所要测量的性能参数和所要打印的数据曲线。

(6)根据所设计的实验方案改变负载或者转速,利用软件进行数据采样和数据记录,同时观察并记录系统运转情况,如遇异常情况要及时处理。

(7)测试完毕,打印将数据和曲线,要及时卸载,关闭主电动机、测绘测试系统。

20.4 注意事项

(1)传感器是精密仪器,严禁手握轴头搬运,严禁在地上拖拉。安装联轴器时严禁用铁质榔头敲打,两个半联轴器间应留有1~2 mm的间隔。安装时,机械传动系统、传感器、负载三者要有较好的同轴度。

(2)本实验台加载部分采用的是风冷式磁粉制动器,其表面温度不得超过80 ℃,实验结束后应及时卸载。

(3)在加载荷时,"手动"时,应平稳旋转电流微调旋钮,"自动"时,应平稳加载,并注意输

入传感器的最大转矩不能超过其额定值的 120%。

（4）先启动主电动机后加载荷，严禁先加载荷后开机。

（5）在实验过程中，如遇电动机转速突然下降或者出现不正常的噪声和振动，则必须卸载或者紧急停车，以防电动机温度过高，烧坏电动机、电器及其他意外事故。

（6）变频器出厂前设定完成，若需更改，必须由专业技术人员担任。

20.5　思　考　题

20-1　设计传动系统是应考虑哪些因素？

20-2　上置式与下置式蜗杆蜗轮在使用上有什么不同？

20-3　机械传动系统效率与哪些因素有关？

20-4　如何评价传动方案的优劣？

第21章　液体动压滑动轴承实验

液体动压滑动轴承是根据流体动力润滑的楔效应承载机理,将润滑油带入轴承间隙,建立起压力油膜而把轴颈与轴瓦隔开的一种液体摩擦轴承。压力油膜形成机理、过程及必要条件,以及油膜压力的分布、摩擦因数及摩擦特性曲线等内容是本章学习的重点及难点。"液体动压滑动轴承实验"可加深对上述理论知识的理解。

21.1　实验目的

(1)了解实验台的构造和工作原理,观察油膜形成过程。

(2)掌握动压轴承油膜压力分布的测定方法,绘制油膜压力径向和轴向分布曲线,验证理论分布曲线。

(3)掌握动压轴承摩擦特征曲线的测定方法,绘制 μ-n 曲线,加深对润滑状态与各参数间关系的理解。

21.2　实验设备及工作原理

主要实验设备是液体动压滑动轴承实验台,其组成结构如图 21-1 所示。它分 A、B、C 型三种,B、C 型是在 A 型基础上发展开发的。A 型是用百分表显示油膜压力,手工记录数据、手工绘制曲线的普通型。B、C 型是用传感器测试油膜压力,有专业软件的计算机辅助多媒体实验台,B 型为台式,C 型为柜体落地式,下面以 B 型为例介绍其结构及工作原理。

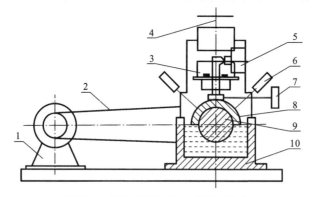

图 21-1　滑动轴承实验台的组成结构
1—直流电动机;2—V 带;3—负载传感器;4—螺旋加载杆;5—弹簧片;
6—摩擦力传感器;7—压力传感器(径向 7 个,轴向 1 个);8—主轴瓦;9—主轴;10—主轴箱

21.2.1　传动装置

直流电动机 1 通过 V 带 2 带动主轴顺时针旋转,由无级调速器实现无级调速。本实验台主轴的转速范围为 3～500 r/min,主轴的转速用装在面板上的调速旋钮进行调速,速度值可在

面板上的数码管直接读出。

21.2.2　加载装置

油膜的压力分布曲线是在一定的载荷和一定的转速下绘制的。当载荷改变或轴的转速改变时所测出的压力值是不同的,所绘出的压力分布曲线也是不同的。转速的改变方法如前所述。本实验台采用螺旋加载方法,实验台主轴 9 由两个高精度的深沟球轴承支承。主轴瓦 8 外圆处被加载装置(未画)压住,螺旋加载杆 4 即可对轴瓦加载,加载大小由负载传感器测出,由面板上数码管显示。

21.2.3　油膜压力测量装置

轴的材料为 45 钢,经表面淬火、磨光,由滚动轴承支承在箱体 10 上,轴的下半部浸泡在润滑油中,本实验台采用的润滑油的牌号为 N68(即旧牌号的 40 号机械油),该油在 20 ℃时的动力黏度为 0.34 Pa·s。主轴瓦 8 的材料为铸锡铅青铜,牌号为 ZCuSn5Pb5Zn5(即旧牌号 ZQSn6-6-3)。在轴瓦的一个径向平面内沿圆周钻有 7 个小孔,每个小孔沿圆周相隔 20°,传感器的进油口在轴瓦的 1/2 处。每个小孔连接一个压力传感器 7,用来测量该径向平面内相应点的油膜压力,由此可绘制出径向油膜压力分布曲线。轴瓦全长的 1/4 处沿轴向剖面装有压力传感器,传感器的进油口在轴瓦的 1/4 处,可用来观察有限长滑动轴承沿轴向的油膜压力情况。传感器 7 测出的轴向油膜压力和径向油膜压力大小,由面板上数码管显示。

21.2.4　摩擦系数测量装置

径向滑动轴承的摩擦因数 μ 随轴承的特性系数 $\eta n/P$ 值的改变而改变(η——油的动力黏度、n——轴的转速、p——压力,$P=W/Bd$,W——轴上的载荷,B——轴瓦的宽度,d——轴的直径,本实验台 $B=125$ mm,$d=70$ mm),如图 21-2 所示。

在边界摩擦时,μ 随 $\eta n/P$ 的增大而变化很小(由于 n 值很小,建议用手慢慢转动轴)。进入混合摩擦后,$\eta n/P$ 的改变引起 μ 的急剧减小,在刚形成液体摩擦时达到最小值,此后,$\eta n/P$ 的增大,油膜厚度也随之增大,因而,μ 也有所增大。

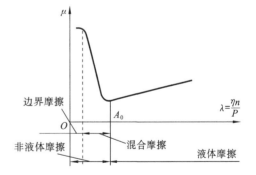

图 21-2　轴承摩擦特性曲线

主轴瓦上有测力杆,通过测力装置可由摩擦压力传感器 6,得出摩擦力值。

摩擦因数,由计算机数据处理系统得出。

摩擦因数 μ 之值可通过公式得到。

$$\mu=\frac{\pi^2}{30\psi}\cdot\frac{\eta n}{p}+0.55\psi\xi$$

式中:ψ——相对间隙;

　　　ξ——随轴承长径比而变化的系数,对于 $B/d<1$ 的轴承,$\xi=(d/B)^{1.5}$,$B/d\geqslant1$ 时,$\xi=1$。

21.2.5　摩擦状态指示装置

指示装置的结构原理如图 21-3 所示。当轴不转动时,可看到灯泡很亮。当轴在很低的转

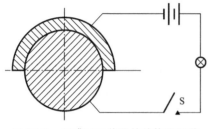

图 21-3　滑膜显示装置的结构原理图

速下转动时,轴将润滑油带入轴和轴瓦之间楔性间隙内,但由于此时的油膜很薄,轴与轴瓦之间部分微观不平度的凸峰处仍在接触,故灯忽亮忽暗。当轴的转速达到一定值时,轴与轴瓦之间形成的压力油膜厚度完全遮盖两表面之间微观不平的凸峰,油膜将轴与轴瓦完全隔开,灯泡就不亮了。

21.3　实验方法及步骤

21.3.1　实验台及仪器预调与连接

（1）用汽油将油箱清理干净,加入 N68(40♯)机油至圆形油标中线。

（2）将面板上调速旋钮逆时针旋到底(转速最低),加载螺旋杆旋至与负载传感器脱离接触。

（3）通电后,面板上两组数码管亮,调节调零旋钮使负载数码管清零。

（4）用配套的串口数据线接仪器背面的 9 芯插座,另一头连接计算机上的 RS232 串口。启动计算机,按软件使用说明书要求进入实验界面。

21.3.2　油膜压力测试实验

（1）启动电动机,旋转调速旋钮,使电动机在 100～200 r/min 运行,此时油膜指示灯应熄灭,稳定运行 1～2 min。

（2）将轴的转速逐渐调整到一定值(可取 200 r/min 左右),注意观察油膜指示灯亮度的变化情况,待油膜指示灯完全熄灭,此时已处于完全液体润滑状态。

（3）用加载装置分几次加载(约 400 N,不超过 1 000 N)。

（4）待压力传感器的压力值稳定后,在实验界面单击"油膜压力分析"按钮,进入油膜压力测试界面,单击"稳定测试"按钮,稳定采集滑动轴承测试数据,测试完后,将给出实测仿真八个压力传感器位置点的压力值,自动绘制轴向和径向油膜压力的实测、仿真曲线。采用"手动测试"时,各点的压力值、载荷和转速在数码管上读取,手动录入即可。

（5）卸载,旋转电动机调速旋钮慢慢减速,停机。

21.3.3　摩擦特性测试实验

（1）启动电动机,旋转调速旋钮,使轴的转速达到 300 r/min,拧动螺杆,逐渐加载到 700 N(70 kgf),稳定运转 1～2 min。

（2）外加载荷保持在 700 N(70 kgf)水平上,调节旋钮缓慢降低转速。

（3）在实验界面单击"摩擦特性分析"按钮,进入摩擦特性连续实验界面,单击"稳定测试"按钮,绘制摩擦特性的实测、仿真曲线。采用"手动测试"时,依次从数码管上读取并记录转速为推荐值 250、180、150、120、80、60、30、20、10、2 r/min 时传感器的摩擦力值,手动录入即可。

（4）卸载,旋转电动机调速旋钮慢慢减速,停机。

21.4　注　意　事　项

（1）主轴和轴瓦加工精度高,配合间隙小,使用的润滑油必须是经过过滤的清洁机油,使用过程中严禁灰尘与金属屑进入油内。

（2）外加载荷传感器所加负载不允许超过 120 kg,以免损坏传感器元件。

（3）机油牌号的选择可根据具体环境温度,在 10♯ 至 40♯ 内选择。

（4）为防止主轴瓦在无油膜运转时烧坏,在面板上装有无油膜报警指示灯,正常工作时指示灯是熄灭的,严禁在指示灯亮时出现主轴高速运转的现象。

（5）做摩擦特性曲线实验,应从较高转速（300 r/min）降速往下做。加载的外载荷在 70～100 kg 内选择一定值,并在整个过程中,保持着一定值至结束实验。

21.5　思　考　题

21-1　动压滑动轴承的油膜压力大小与实验中哪些因素有关?

21-2　加载载荷对最小油膜厚度有何影响?

21-3　润滑油温度对油膜压力有什么影响?

21-4　分析摩擦特性曲线中两个拐点的意义。轴承工作在哪个区域较为理想?

21.6　实验报告样式

液体动压滑动轴承实验报告

姓名＿＿＿＿＿＿＿＿＿＿＿　班级＿＿＿＿＿＿＿＿＿＿＿＿＿＿＿＿＿＿　日期＿＿＿＿＿＿＿＿＿＿

同组实验者姓名＿＿＿＿＿＿＿＿＿＿＿＿＿＿＿＿＿＿＿＿＿＿＿＿＿＿＿＿＿＿＿＿＿＿＿＿＿

	径向油膜压力曲线	轴向油膜压力曲线
仿真曲线		
实测曲线		

基本参数

轴瓦直径(mm)：

轴瓦宽度(mm)：

黏度系数：

外加载荷(kg)：

摩擦特性仿真曲线

摩擦特性实测曲线

第 22 章　轴系结构设计实验

轴系是机器的主要组成部分,轴系的性能直接影响机器的性能和寿命。轴系设计内容多而杂,如轴承的组合,轴上零件的定位、密封等。讲授时虽好理解,但在实际轴系设计中因需要考虑的因素多,容易出现设计不合理甚至设计错误的情况。通过"轴系结构设计实验",学生自己操作轴系设计、装配、调试、测绘、拆卸的全过程,加深对理论知识的理解,提升轴系结构的设计能力。

22.1　实 验 目 的

(1) 通过表 22-1 认知常用零件名称、结构。
(2) 初步掌握不同工作条件下,滚动轴承组合设计的基本方法。
(3) 掌握轴上零件的轴向和径向固定方法。
(4) 通过轴系的装配调试实践,进一步掌握轴系结构的工艺性、标准化、润滑和密封等知识。
(5) 进一步培养学生的基本制图和测绘技能。

22.2　实 验 设 备

(1) 组合式轴系结构设计分析实验箱,实验箱提供能进行减速器圆柱齿轮轴系、小圆锥齿轮轴系及蜗杆轴系结构设计实验的全套零件。零部件明细如表 22-1 所示。

表 22-1　JDI-A 型组合式轴系结构设计实验箱装箱单

序 号	零件名称	件 数	序 号	零件名称	件 数
1	直齿轮轴用支座(油用)	2 件	2	*直齿轮轴用支座(脂用)	2 件
3	蜗杆轴用支座	1	4	锥轮轴用支座	1
5	锥齿轮轴用套环	2	6	蜗杆用套环	1
7	*组装底座	2	8	大直齿轮	1
9	大斜齿轮	1	10	小直齿轮	1
11	小斜齿轮	1	12	小锥齿轮	1
13	大直齿轮用轴	1	14	小直齿轮用轴	1
15	两端固定用蜗杆	1	16	固游式用蜗杆	1
17	锥齿轮用轴	1	18	锥齿轮轴	1
19	大凸缘式透盖	1	20	大凸缘式闷盖	1
21	*凸缘式透盖(脂用)	1	22	凸缘式闷盖(脂用)	1
23	凸缘式透盖(油用)	4	24	凸缘式闷盖(油用)	1
25	凸缘式透盖(迷宫)	1	26	迷宫式轴套	1
27	嵌入式透盖	2	28	嵌入式闷盖	1

续表

序　号	零件名称	件　数	序　号	零件名称	件　数
29	联轴器 A	1	30	联轴器 B	1
31	无骨架油封压盖	1	32	轴承 6206	2
33	轴承 30206	2	34	轴承 N206	2
35	轴承 7206AC	2	36	键 8×35	4
37	键 6×20	4	38	圆螺母 M30×1.5	2
39	圆螺母止动圈 ϕ30	2	40	骨架油封	2
41	轴用弹性卡环 ϕ30	1	42	无骨架油封	1
43	M8×15	4	44	M8×25	6
45	M6×25	10	46	M6×35	4
47	M4×10	4	48	ϕ6 垫圈	10
49	ϕ4 垫圈	4	50	挡圈钳	1 把
51	挡油环	4	52	甩油环	6
53	调整环	2	54	套筒	24
55	调整垫片	16	56	轴端压板	4
57	14×12 双头扳手	1 把	58	3 寸旋具	1 把
59	10×12 双头扳手	1 把	60	羊毛毡圈 ϕ30	2
61	使用说明书	1 本			

* 为 2002 年新增部分

(2) 装配工具:双头旋具(12 mm×14 mm 及 10 mm×12 mm),挡圈钳,螺丝刀等。

(3) 测量及绘图工具:300 mm 钢板尺,游标卡尺,内、外卡钳,铅笔,三角板等。

22.3　实　验　内　容

(1) 指导教师根据表 22-2 所示的实验方案说明选择性安排每组的实验内容。

表 22-2　实验方案说明

实验题号	已知条件与简要说明				
	齿轮类型	载荷	转速	其他说明	示　意　图
1	小直齿轮	轻	中	—	
2		中	中	—	
3	大直齿轮	中	中	—	
4		中	低	—	
5	小斜齿轮	轻	中	—	
6		中	中	—	
7	大斜齿轮	中	中	—	
8		轻	中	—	

续表

实验题号	已知条件与简要说明				
	齿轮类型	载荷	转速	其他说明	示　意　图
9	小锥齿轮	中	中	齿轮轴，轴承反安装	
10		轻	中	齿轮与轴分体，轴承正安装	
11	蜗杆	轻	低	发热量小，两端固定	

（2）进行轴的结构设计与滚动轴承组合设计。

每组学生根据实验题号的要求，进行轴系结构设计，认真解决轴承类型选择、轴上零件定位、固定轴承安装与调节、润滑及密封等问题。

（3）绘制轴系结构装配图。

每人编写实验报告一份。

22.4　实验步骤

（1）明确实验内容，理解设计要求。

（2）复习有关轴的结构设计与轴承组合设计的内容与方法（参看教材有关章节）。

（3）构思轴系结构方案，应考虑以下内容。

① 根据齿轮类型选择滚动轴承型号。

② 确定支承轴向固定方式（如两端固定，一端固定、一端游动等）。

③ 根据齿轮圆周速度（高、中、低）确定轴承润滑方式（如脂润滑、油润滑等）。

④ 选择端盖形式（如凸缘式、嵌入式等）并考虑透盖处密封方式（如毡圈、皮碗、油沟等）。

⑤ 考虑轴上零件的定位与固定，轴承间隙调整等问题。

⑥ 绘制轴系结构方案示意图。

（4）组装轴系部件。

根据轴系结构方案，从实验箱中选取合适零件并组装成轴系部件、检查所设计组装的轴系结构是否正确。

（5）绘制轴系结构草图。

（6）测量主要装配尺寸（支座不用测量），并做好记录。

（7）拆卸组装的轴系，将所有零件放入实验箱内的规定位置，交还所借工具。

（8）根据结构草图及测量数据，在 3 号图纸上用 1：1 比例绘制轴系结构装配图，要求装配关系表达正确，注明必要尺寸（如支承跨距、齿轮直径与宽度、主要配合尺寸等），填写标题栏和明细表。

（9）写出实验报告。

22.5　思　考　题

22-1　如工作轴的温度变化很大，则轴系结构一般采用什么形式？人字齿轮传动中轴应采用什么轴系结构形式?

22-2 齿轮、带轮在轴上一般采用哪些方式进行轴向固定?

22-3 滚动轴承一般采用什么润滑方式进行润滑?

22-4 轴上的两个或多个键槽为什么常常设计成同在一条直线上?

22.6 轴系结构示例

轴系结构示例如图 22-1 至图 22-7 所示。

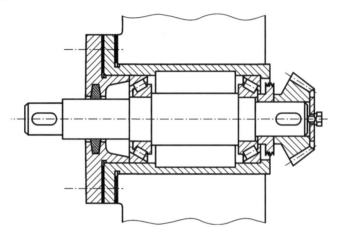

图 22-1 轴系结构 1

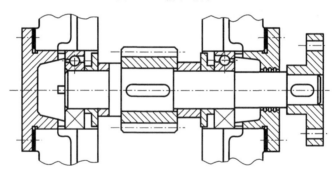

图 22-2 轴系结构 2

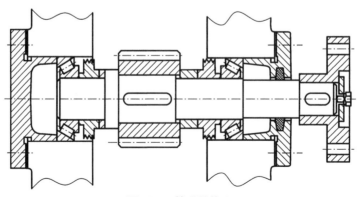

图 22-3 轴系结构 3

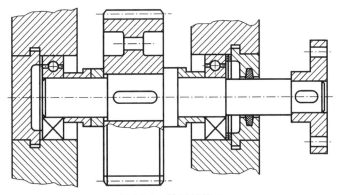

图 22-4　轴系结构 4

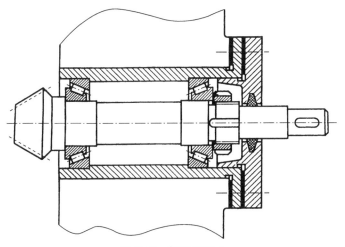

图 22-5　轴系结构 5

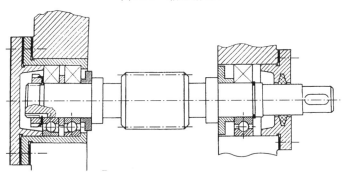

图 22-6　轴系结构 6

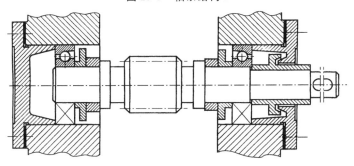

图 22-7　轴系结构 7

第 23 章　减速器装拆实验

减速器在原动机和工作机(或执行机构)之间起匹配转速和传递转矩的作用,在现代机械中应用极为广泛。作为机制专业学生在完成了机械设计课程学习基础上,要进行至少两周的课程设计,通常都是做减速器设计。因为减速器是一种通用的设备,其结构包括了连接、传动、轴系等机械设计的大部分内容,是培养学生首次完成独立设计任务的优选课题。设计任务开始前,要进行减速器拆装实验,让学生自己动手进行减速器实物(或模型)的拆装,对减速器的各零部件有直观的感性认识,进一步加深对结构工艺设计、安装要求等的理解,为很好地完成课程设计打好基础。

23.1　实　验　目　的

(1) 熟悉减速器的整体结构,了解各零部件的结构及功用,并分析其结构工艺性。
(2) 掌握减速器的安装、拆卸、调试过程及方法。
(3) 了解减速器零件的润滑及密封方法。
(4) 学习减速器主要参数的测定方法。

23.2　实　验　设　备

(1) 装拆实验用减速器系列(共有 8 种)。
① 单级圆柱齿轮减速器。
② 单级圆锥齿轮减速器。
③ 圆锥-圆柱齿轮减速器。
④ 展开式双级圆柱齿轮减速器。
⑤ 同轴式双级圆柱齿轮减速器。
⑥ 分流式双级圆柱齿轮减速器。
⑦ 蜗杆蜗轮减速器。
⑧ 新型结构单级圆柱齿轮减速器。
(2) 工具　游标卡尺、活动旋具、钢板尺、螺丝刀、轴承、退卸器、铜锤等。

23.3　实　验　方　法　及　步　骤

步骤 1　针对教师指定的一种减速器,观察其外形,首先用手分别转动输入轴、输出轴,体会转矩。接着用手在轴向来回推动输入轴、输出轴,体会轴向窜动。

步骤 2　用旋具拧开箱盖与箱体的连接螺栓及轴承端盖螺栓,取下轴承端盖和调整垫片,再拔出定位销,用起盖螺钉顶起箱盖,并取下箱盖。

步骤 3　详细分析减速器各部分结构,提示如下。

（1）箱盖与箱体。

① 比较用于连接箱体与箱盖的各螺栓,其尺寸、规格是否完全相同?

② 连接箱体与箱盖的凸缘的宽度和厚度是如何确定的? 凸缘上螺栓孔两端的沉头坑是如何加工的?

③ 用于支承轴承的轴承凸台应凸出机壁多少为宜? 如何确定箱体、箱盖的基本壁厚? 在轴承凸台附近安装连接螺栓的部位,其厚度为何要比凸缘厚度增大许多?

④ 为什么要设置定位销? 两定位位置为何相距较远? 定位销孔是如何加工的?

⑤ 为什么要设置起盖螺钉?

⑥ 为什么箱体或箱盖上要设置加强肋? 加强肋的尺寸是如何确定的?

⑦ 箱体上地脚螺栓孔上沉头坑是如何加工的? 测量地脚螺栓通孔直径,判断其所用螺栓直径,并与连接箱体与箱盖的螺栓直径进行比较。

⑧ 窥视孔的功能是什么? 窥视孔的位置及大小应如何确定?

⑨ 为什么要设置透气器?

⑩ 油塞孔的位置应如何确定? 油塞的结构和普通螺钉有何不同?

⑪ 游标或游标尺的位置如何确定?

⑫ 为什么在箱体上要设置吊耳? 为什么在箱盖上要设置吊环螺钉或起吊孔?

⑬ 箱体的底板安装面是否是整个平面?

⑭ 箱体、箱盖上的轴承安装孔是如何加工的? 测量其中心距、中心高,并说明这两个尺寸是如何确定的?

⑮ 比较箱体(箱盖)内的内壁至齿顶圆的最小距离与距离齿轮端面的最小距离,二者大小为什么不同?

（2）轴及轴系零件。

① 分析输入轴、输出轴直径的大小与受载的关系。

② 分析轴上零件的轴向、周向定位与固定的方法。

③ 分析传动零件所受的径向力和轴向力向箱体(箱盖)上传递的路线。

④ 确定所用滚动轴承的类型,测定其有关尺寸,确定其型号,并说明选用该类轴承的理由。

⑤ 分析轴承的安装、拆卸方法,滚动轴承在安装时为什么需要调整? 有哪些调整方法?

⑥ 分析轴承轴承组合安装时的轴向固定方法? 是正装还是反装?

⑦ 对于悬臂支承结构(如小圆锥齿轮轴系结构),分析其结构、安装及调整的特点。

⑧ 比较轴承内圈与轴、轴承外圈与凸台孔安装的配合松紧。

⑨ 齿轮装在轴颈上,为什么轮毂的轴向尺寸要大于配合轴颈的长度?

⑩ 同一轴上有两个以上平键槽时,几个平键槽的对称线应处于同一周向,为什么?

（3）润滑与密封。

① 齿轮传动的润滑方式分浸油润滑和喷油润滑,选用润滑方式的依据是什么? 浸油润滑时,齿轮浸入油中的深度如何确定?

② 分析轴承的润滑方法,脂润滑、飞溅润滑、刮油润滑、滴油润滑及压力喷油润滑各在什么情况下选用? 实现的结构有哪些?

③ 分析箱体分界面上油槽的功用、位置、形状及加工方法。

④ 分析减速器的加油方式及加油量。

⑤ 挡油环和甩油环的作用有何不同？试比较其结构及安装特点。

⑥ 分析轴承的密封方式,各类密封方式的结构特点如何？

⑦ 箱体与箱盖结合面处是如何防止渗油的？可否加封油纸垫？

⑧ 窥视孔盖板与箱盖结合面,放油螺塞与箱体结合平面、油面指示器与箱体结合面间是如何防渗油的？

步骤 4 测量减速器各主要尺寸及确定主要参数

① 测出各齿轮的齿数,求各级传动比及总传动比。

② 测出中心距、齿顶圆与齿根圆直径,确定齿轮的模数、斜齿轮螺旋角的大小及方向、中心高。

③ 测出各齿轮的齿宽,算出齿宽系数。

④ 测出输入轴、中间轴、输出轴的承受弯矩段最小直径。

⑤ 测出滚动轴承外径、内径及宽度,确定其型号。

⑥ 测出各轴上滚动轴承支承的跨距。

步骤 5 确定装配顺序,仔细装配复原,清理工具和现场。

23.4 注 意 事 项

(1) 未经教师允许,不得将减速器搬离工作台。

(2) 拆下的零件及工具要放稳,分类摆放,避免掉下砸脚,防止丢失。

(3) 装拆滚动轴承时,应用专用工具,装拆力不得通过滚动体。

(4) 拆卸纸垫时应小心,避免撕坏。

23.5 思 考 题

23-1 如何保证箱体具有足够的刚度？

23-2 轴承座两侧的上、下箱体连接螺栓应如何布置？支承螺栓的凸台高度应如何确定？

23-3 如何减轻箱体的重量和减少箱体加工面积？

23-4 各辅助零件(如油标、油塞、通气阀、窥视孔等)有何用途？安装位置有何要求？

23-5 机盖的结合面上有油沟,机盖应采取什么样的相应措施,才能使机盖上的油流进油沟？

23-6 轴承是如何润滑和密封的？

23-7 为了使润滑油经油沟流进轴承,轴承盖的结构该如何设计？

23-8 在什么条件下,滚动轴承的内侧要用到挡油环或封油环,其构造和安装位置如何？

23.6 实验报告式样

减速器装拆实验报告

学　　号:＿＿＿＿＿＿＿＿　姓　　名:＿＿＿＿＿＿＿＿　日　期:＿＿＿＿＿＿＿＿

同组人:＿＿＿＿＿＿＿＿　指导教师:＿＿＿＿＿＿＿＿　成绩:＿＿＿＿＿＿＿＿

(1) 画出所拆装的减速器简图(滚动轴承、轴毂连接应用符号表示出来)。

（2）主要尺寸和参数（填表 23-1）。

表 23-1　减速器的主要尺寸和参数

名　称			符号	数值	名　称			符号	数值
高速级	小齿轮	齿数/个			低速级	小齿轮	齿数/个		
		齿顶圆直径/mm					齿顶圆直径/mm		
		齿根圆直径/mm					齿根圆直径/mm		
		旋向,螺旋角/(°)					旋向,螺旋角/(°)		
		分度圆直径/mm					分度圆直径/mm		
	大齿轮	齿数/个				大齿轮	齿数/个		
		齿顶圆直径/mm					齿顶圆直径/mm		
		齿根圆直径/mm					齿根圆直径/mm		
		旋向,螺旋角/(°)					旋向,螺旋角/(°)		
		分度圆直径/mm					分度圆直径/mm		
	模数	端面/mm				模数	端面/mm		
		法面/mm					法面/mm		
	中心距/mm					中心距/mm			
	传动比					传动比			
中心高/mm					中间轴轴承	型号			
总传动比						外径/mm			
输入轴最小直径/mm						内径/mm			
中间轴最小直径/mm						宽度/mm			
输出轴最小直径/mm						支承跨距/mm			
输入轴轴承	型号				输出轴轴承	型号			
	外径/mm					外径/mm			
	内径/mm					内径/mm			
	宽度/mm					宽度/mm			
	支承跨距/mm					支承跨距/mm			

第3篇 机械设计课程设计

　　机械设计课程设计是机械设计课程的一个重要教学环节,是学生第一次较全面的机械设计训练,课程设计可进一步巩固、深化学生所学的理论知识,使理论知识和实践密切地结合起来。进行课程设计时,学生是设计的主体,学生应在教师的指导下发挥主观能动性,积极思考问题,认真阅读设计指导书,查阅有关设计资料,按教师指定的步骤循序渐进地进行设计,按时完成设计任务。

　　课程设计的实践,能培养学生分析和解决工程实际问题的能力,使学生熟悉、掌握通用机械零件、机械传动装置或简单机械的一般设计方法和步骤,培养创造性思维能力和增强独立、全面、科学的工程设计能力。

　　本篇主要包括课程设计总论、任务书、传动方案设计、装配图设计、设计说明书和答辩等内容,较系统地介绍了机械传动装置的设计任务、设计内容、步骤和方法,重点突出,便于课程设计的教学和自学。

第 24 章　机械设计课程设计总论

24.1　机械设计课程设计的目的

机械设计课程设计的主要目的如下。

(1) 课程设计能进一步巩固、深化学生所学的理论知识,使学生综合运用机械设计课程及有关先修课程的知识,起到融会贯通及扩展有关机械设计方面知识的作用,使理论知识和实践密切地结合起来。

(2) 课程设计的实践,能培养学生分析和解决工程实际问题的能力,使学生熟悉、掌握通用机械零件、机械传动装置或简单机械的一般设计方法和步骤,培养创造性思维能力,以及增强独立、全面、科学的工程设计能力。

(3) 完成机械设计基本技能的训练,提高学生计算、绘图以及计算机辅助设计(CAD)等有关设计能力,使学生熟悉设计资料(手册、图册等)的使用,掌握经验估算、数据处理等方法,能够正确编写设计计算说明书。

24.2　机械设计课程设计的内容和任务

为达到预期的目的,机械设计课程设计一般选择机械传动装置或简单机械作为设计课题(比较成熟的题目是以齿轮减速器为主的机械传动装置的设计),通常课程设计主要包括以下一些内容。

(1) 根据工作要求,拟定、分析传动装置的设计方案,选择电动机。

(2) 分析传动装置的运动和动力参数,进行传动件的设计计算,校核轴、轴承、联轴器、键等。

(3) 减速器装配图和零件工作图的设计。

(4) 编写设计计算说明书。

机械设计课程设计一般要求学生独立完成以下具体工作任务。

① 减速器装配图 1 张(用 A1 或 A0 图纸绘制)。

② 零件工作图 2 张(齿轮、轴等)。

③ 设计计算说明书 1 份,篇幅为 8000 字左右。

④ 答辩。

24.3　课程设计的步骤

课程设计的大致步骤如下:

(1) 设计准备工作;

(2) 传动系统的总体设计;

（3）传动零件的设计计算；

（4）装配图草图的设计与绘制；

（5）装配图的绘制；

（6）零件工作图的绘制；

（7）编写设计计算说明书；

（8）答辩。

机械设计课程设计可依据表 24-1 所示的步骤分阶段按计划进行。

表 24-1　课程设计的步骤

步骤	主 要 内 容	学时比例/（%）
（1）设计准备工作	（1）熟悉任务书,明确设计的内容和要求,分析设计题目,了解原始数据和工作条件； （2）查阅有关设计资料,进行必要的调研,了解设计对象； （3）观看录像、实物、模型或进行实物装拆实验等,了解传动装置的结构特点与制造过程； （4）准备设计资料,熟悉设计指导书,拟订设计计划	5
（2）传动系统的总体设计	（1）确定传动方案； （2）选择电动机； （3）分配各级传动比； （4）计算各轴的转速、功率和转矩	5
（3）传动件的设计计算	（1）设计齿轮传动（或蜗杆传动）的主要参数和几何尺寸； （2）计算各传动件上的作用力,初算轴径,初选联轴器、轴承和键	10
（4）装配图草图的绘制	（1）分析和选定传动装置的结构方案； （2）绘制装配图草图（草图样）,进行轴、轴上零件和轴承部件的结构设计； （3）校核轴的强度,校核滚动轴承的寿命和键、联轴器的强度； （4）设计箱体结构和相关附件结构； （5）完善装配草图	30
（5）装配图的绘制	（1）在装配草图基础上绘制装配图； （2）选择配合,标注尺寸,编写零件序号； （3）编写标题栏、零件明细栏,加深线条,整理图面； （4）书写技术特性、技术要求等	25
（6）零件工作图的绘制	（1）绘制零件的必要视图； （2）标注尺寸、公差及表面粗糙度； （3）编写技术要求和标题栏等	10
（7）编写设计计算说明书	（1）编写设计计算说明书,内容包括所有的计算,并附有必要的简图； （2）写出设计总结,总结设计课题的完成情况及设计的收获与体会	10
（8）答辩	（1）答辩准备； （2）参加答辩	5

24.4　课程设计的有关注意事项

在课程设计中应注意以下事项。

（1）端正学风、独立思考、创新设计。

坚持正确的设计指导思想，提倡独立思考、深入钻研的学习精神，创造性地进行设计，绝不能简单照搬或互相抄袭。

（2）认真设计草图是提高设计质量的关键。

草图也应该按正式图的比例画出，而且作图的顺序要得当。画草图时应注重各零件之间的相对位置，有些细部结构可先以简化画法画出。设计过程是一个边绘图、边计算、边修改的过程，应经常进行自查或互查，有错误应及时修改，避免大的返工。

（3）注意计算数据的记录和整理，培养全局观念。

数据是设计的依据，应及时记录与整理计算数据，如有变动应及时修正，供下一步设计及编写设计说明书时使用。设计时考虑问题越周全，差错就越少，从而提高设计的效率。

指导教师应根据学生的图纸、说明书以及答辩情况等对设计进行综合评定，给出优、良、中、及格和不及格等级。

第 25 章　机械设计课程设计任务书

机械设计课程设计题目的选择应考虑设计内容能尽可能涵盖机械设计课程所学过的基本内容和能够涉及机械设计的众多其他问题,同时还应考虑设计内容具有一定的创新余地,既要有一定的综合性,又要有适当的难度。以下所列的机械设计课程设计题目可供学生选择。

25.1　带式输送机传动系统设计(一)

25.1.1　设计题目

用于带式输送机传动装置的单级圆柱齿轮减速器。

25.1.2　传动系统参考方案

方案如图 25-1 所示。

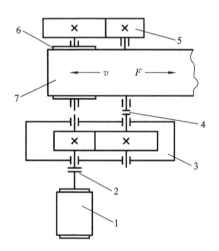

图 25-1　带式输送机传动系统简图
1—电动机;2,4—联轴器;3—减速器;5—开式圆柱齿轮传动;6—滚筒;7—输送带

25.1.3　原始数据

输送带工作拉力 F、输送带速度 v 及卷筒直径 D 等原始数据如表 25-1 所示。

表 25-1　设计的原始数据

题号	1	2	3	4	5	6	7	8	9	10
F/N	3 500	3 800	4 000	4 200	3 700	4 200	2 800	3 300	2 900	3 500
$v/(\text{m/s})$	0.8	1.0	1.0	0.85	0.9	0.85	1.2	1.25	1.2	1.0
D/mm	315	315	400	355	355	360	360	400	410	380

题号	11	12	13	14	15	16	17	18	19	20
F/N	3 900	3 800	3 000	3 000	3 200	3 200	3 200	3 400	4 100	4 200
$v/(m/s)$	1.2	1.0	1.0	1.5	1.4	1.5	1.4	1.3	1.0	1.2
D/mm	400	410	355	340	400	300	320	350	370	375

25.1.4　工作条件

两班制工作,连续单向运转,载荷较平稳;使用期限为 10 年,小批量生产;允许输送带速度误差为±5%;生产条件是中等规模的机械厂,可加工 7~8 级精度的齿轮;动力来源是三相交流电(220 V/380 V)。

25.1.5　设计工作量

(1) 绘制减速器装配图 1 张(A0 或 A1)。
(2) 绘制减速器零件图 1~2 张。
(3) 编写设计说明书 1 份。

25.2　带式输送机传动系统设计(二)

25.2.1　设计题目

用于带式输送机传动装置的单级圆锥齿轮减速器。

25.2.2　传动系统参考方案

方案如图 25-2 所示。

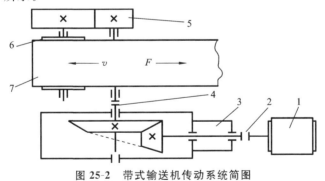

图 25-2　带式输送机传动系统简图
1—电动机;2,4—联轴器;3—减速器;5—开式圆柱齿轮传动;6—滚筒;7—输送带

25.2.3　原始数据

输送带工作拉力 F、输送带速度 v 及卷筒直径 D 等原始数据如表 25-2 所示。

表 25-2　设计的原始数据

题号	1	2	3	4	5	6	7	8	9	10
F/N	2 000	3 000	2 000	2 800	2 400	3 000	3 000	2 200	2 200	3 800
$v/(m/s)$	1.8	0.8	1.5	1.5	1.2	1.1	1.2	1.5	1.8	1.0
D/mm	300	280	300	315	320	260	245	350	360	350

续表

题号	11	12	13	14	15	16	17	18	19	20
F/N	3 800	4 000	4 000	3 500	3 600	2 200	3 000	2 200	2 000	3 800
$v/(m/s)$	0.9	0.85	0.75	1.0	1.0	1.0	1.3	1.5	1.5	0.8
D/mm	300	310	300	320	280	360	260	300	280	300

25.2.4　工作条件

两班制工作,连续单向运转,载荷较平稳;使用期限为 10 年,小批量生产;允许输送带速度误差为 ±5%;生产条件是中等规模的机械厂,可加工 7~8 级精度的齿轮;动力来源是三相交流电(220 V/380 V)。

25.2.5　设计工作量

(1) 绘制减速器装配图 1 张(A0 或 A1)。

(2) 绘制减速器零件图 1~2 张。

(3) 编写设计说明书 1 份。

25.3　带式输送机传动系统设计(三)

25.3.1　设计题目

用于带式输送机传动装置的单级蜗杆减速器。

25.3.2　传动系统参考方案

方案如图 25-3 所示。

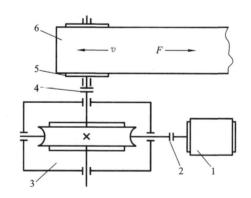

图 25-3　带式输送机传动系统简图

1—电动机;2,4—联轴器;3—减速器;5—滚筒;6—输送带

25.3.3　原始数据

输送带工作拉力 F、输送带速度 v 及卷筒直径 D 等原始数据如表 25-3 所示。

表 25-3　设计的原始数据

题号	1	2	3	4	5	6	7	8	9	10
F/N	2 000	2 500	3 000	2 900	3 200	2 200	2 300	2 600	2 400	2 700
$v/(m/s)$	1.2	0.8	0.7	0.8	0.75	1.1	0.9	1.3	0.8	0.7
D/mm	315	300	280	335	300	355	330	310	300	280
题号	11	12	13	14	15	16	17	18	19	20
F/N	3 000	3 100	2 100	2 300	3 300	3 400	3 500	3 600	3 700	3 800
$v/(m/s)$	0.8	0.85	1.1	0.8	0.9	0.8	0.8	0.8	0.75	1.2
D/mm	335	315	300	315	330	300	270	325	310	340

25.3.4　工作条件

两班制工作,连续单向运转,载荷较平稳;使用期限为 10 年,小批量生产;允许输送带速度误差为 $\pm5\%$;生产条件是中等规模的机械厂,可加工 7~8 级精度的蜗杆及蜗轮;动力来源是三相交流电(220 V/380 V)。

25.3.5　设计工作量

(1) 绘制减速器装配图 1 张(A0 或 A1)。
(2) 绘制减速器零件图 1~2 张。
(3) 编写设计说明书 1 份。

25.4　带式输送机传动系统设计(四)

25.4.1　设计题目

用于带式输送机传动装置的二级圆锥圆柱齿轮减速器。

25.4.2　传动系统参考方案

方案如图 25-4 所示。

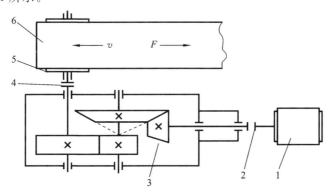

图 25-4　带式输送机传动系统简图

1—电动机;2,4—联轴器;3—减速器;5—滚筒;6—输送带

25.4.3 原始数据

输送带工作拉力 F、输送带速度 v 及卷筒直径 D 等原始数据如表 25-4 所示。

表 25-4 设计的原始数据

题号	1	2	3	4	5	6	7	8	9	10
F/N	1 400	1 800	1 700	2 500	2 600	2 600	3 000	2 000	2 300	2 400
$v/(\text{m/s})$	1.1	1.1	1.1	1.2	1.2	1.3	1.2	1.3	1.0	0.8
D/mm	220	210	300	400	200	350	340	240	230	250
题号	11	12	13	14	15	16	17	18	19	20
F/N	2 500	2 800	2 800	3 000	3 000	2 500	3 000	3 200	3 800	3 900
$v/(\text{m/s})$	1.1	0.8	1.0	1.2	1.2	1.3	1.1	1.0	1.25	1.5
D/mm	250	240	250	310	310	250	300	250	450	400

25.4.4 工作条件

两班制工作,连续单向运转,载荷较平稳;使用期限为 10 年,小批量生产;允许输送带速度误差为 ±5%;生产条件是中等规模的机械厂,可加工 7～8 级精度的齿轮;动力来源是三相交流电(220 V/380 V)。

25.4.5 设计工作量

(1)绘制减速器装配图 1 张(A0 或 A1)。
(2)绘制减速器零件图 1～2 张。
(3)编写设计说明书 1 份。

25.5 带式输送机传动系统设计(五)

25.5.1 设计题目

用于带式输送机传动装置的展开式二级圆柱齿轮减速器。

25.5.2 传动系统参考方案

方案如图 25-5 所示。

25.5.3 原始数据

输送带工作拉力 F、输送带速度 v 及卷筒直径 D 等原始数据如表 25-5 所示。

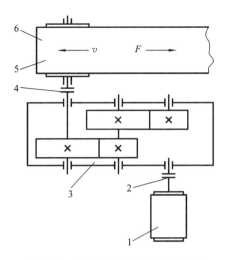

图 25-5　带式输送机传动系统简图

1—电动机；2,4—联轴器；3—减速器；5—滚筒；6—输送带

表 25-5　设计的原始数据

题号	1	2	3	4	5	6	7	8	9	10
F/N	3 900	3 800	3 000	3 000	3 200	3 200	3 200	3 400	4 100	4 200
$v/(m/s)$	1.2	1.0	1.0	1.5	1.4	1.5	1.4	1.3	1.0	1.2
D/mm	400	410	355	340	400	300	320	350	370	375
题号	11	12	13	14	15	16	17	18	19	20
F/N	3 800	4 000	4 000	3 500	3 600	2 200	3 000	2 200	2 000	3 800
$v/(m/s)$	0.9	0.85	0.75	1.0	1.0	1.0	1.3	1.5	1.5	0.8
D/mm	300	310	300	320	280	360	260	300	280	300

25.5.4　工作条件

两班制工作,连续单向运转,载荷较平稳;使用期限为 10 年,小批量生产;允许输送带速度误差为 ±5%;生产条件是中等规模的机械厂,可加工 7~8 级精度的齿轮;动力来源是三相交流电(220 V/380 V)。

25.5.5　设计工作量

(1) 绘制减速器装配图 1 张(A0 或 A1)。

(2) 绘制减速器零件图 1~2 张。

(3) 编写设计说明书 1 份。

25.6　带式输送机传动系统设计(六)

25.6.1　设计题目

用于带式输送机传动装置的同轴式二级圆柱齿轮减速器。

25.6.2　传动系统参考方案

方案如图 25-6 所示。

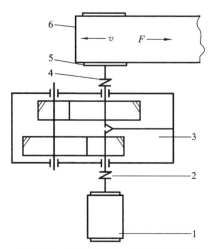

图 25-6　带式输送机传动系统简图

1—电动机;2,4—联轴器;3—减速器;5—滚筒;6—输送带

25.6.3　原始数据

输送带工作拉力 F、输送带速度 v 及卷筒直径 D 等原始数据如表 25-6 所示。

表 25-6　设计的原始数据

题号	1	2	3	4	5	6	7	8	9	10
F/N	3 500	3 800	4 000	4 200	3 700	4 200	2 800	3 300	2 900	3 500
$v/(\mathrm{m/s})$	0.8	1.0	1.0	0.85	0.9	0.85	1.2	1.25	1.2	1.0
D/mm	315	315	400	355	355	360	360	400	410	380
题号	11	12	13	14	15	16	17	18	19	20
F/N	2 000	3 000	2 000	2 800	2 400	3 000	3 000	2 200	2 200	3 800
$v/(\mathrm{m/s})$	1.8	0.8	1.5	1.5	1.2	1.1	1.2	1.5	1.8	1.0
D/mm	300	280	300	315	320	260	245	350	360	350

25.6.4　工作条件

两班制工作,连续单向运转,载荷较平稳;使用期限为 10 年,小批量生产;允许输送带速度误差为±5%;生产条件是中等规模的机械厂,可加工 7～8 级精度的齿轮;动力来源是三相交流电(220 V/380 V)。

25.6.5　设计工作量

(1)绘制减速器装配图 1 张(A0 或 A1)。

(2)绘制减速器零件图 1～2 张。

(3)编写设计说明书 1 份。

第26章　机械系统传动方案设计

一般来说,机器由原动机部分、工作(执行)部分、传动部分、控制系统及一些辅助装置组成。传动部分用来连接原动机部分和执行部分,用来将原动机的运动形式、运动及动力参数转变为执行部分所需的运动形式、运动及动力参数。当原动机的输出转速、转矩、运动形式和输出轴的几何位置等完全适合工作机的输入要求时,可以采用联轴器将它们直接连接,否则必须采用传动系统装置。

机械传动系统装置的设计是一项比较复杂的工作。在传动装置设计之前必须首先确定机械系统的传动方案。为了能设计出高性价比的传动方案,不仅需要对各种传动形式的性能、运动、工作特点和适用场合等有较深入全面的了解,而且需要具备比较丰富的实际工作经验和设计经验。对初学者来说,只能在充分自我分析的基础上,多借鉴参考别人的成功经验。

26.1　机械传动基本形式

26.1.1　机械传动基本形式的特点及其选用

1. 带传动

带传动通过中间挠性件——带,传递运动和动力,其主要特点是,适用于两轴中心距较大的场合。与齿轮传动相比,它具有工作平稳、噪声小、能缓和冲击、吸收振动、结构简单、价格低廉的优点。在工业中应用十分广泛的 V 带传动,常用功率范围为 50~100 kW,传动比不大于8,传动效率为 92%~97%。摩擦型带传动有过载保护作用。它结构简单、成本低、安装方便,但外形轮廓较大。摩擦型带传动有滑动,不能用于分度系统。由于带易摩擦起电,故不宜用于易燃易爆的场合。其轴压力较大,带的寿命较短。啮合型带通过带与带轮上齿的啮合实现传动,改变了摩擦型带传动具有弹性滑动的工作性质。这种带传动称为同步齿型带传动,常用于要求传动比准确的场合,如打印机、放映机、纺织机械等。同步齿型带的适用范围较广,带速可达 50 m/s,功率可达 300 kW,传动比可达 10。其缺点是制造、安装要求较高。不同的带型和材料所适用的功率、带速、传动比及寿命范围各不相同,表 26-1 所示为几种常用带型的适用范围。

表 26-1　常用带型的适用范围

带　　型	最大功率 P_{max}/kW	速度 v/(m/s)	单级传动比 i
尼龙片复合带	3 500	60	≤4~5
普通 V 带	500	25~30	≤7~10
窄 V 带	750	40~50	≤7~10
同步带	100	100	≤10

2. 链传动

链传动与带传动相似,其主要特点是借助中间挠性件——链,在距离较远的轴之间传递运动和动力,其结构简单、价格低廉。链传动的常用功率在 100 kW 以下,最大可达 3 500 kW,受链条啮入链轮时的冲击、链条磨损和销轴胶合的限制,链速 v 通常小于 20 m/s,最大为 30～40 m/s。受小链轮包角的限制,通常链传动单级传动比不大于 8,工作条件良好时传动比可达 10;开式链传动效率为 90％～93％,闭式链传动效率为 97％～98％。链传动平均传动比恒定,对恶劣环境有一定的适应能力,工作可靠,轴压力小,但运转的速度不均匀,高速时不如带传动平稳(齿形链较好)。链条工作时,特别是因磨损导致伸长后,容易引起共振和掉链,需增设张紧和减振装置。链传动广泛应用于农业机械、石油机械、矿山机械、运输机械、起重机械和纺织机械等。

3. 齿轮传动

齿轮传动是机械传动中最主要的一类传动,形式很多,应用广泛。齿轮传动承载能力高、速度范围大,传递的功率可达数十万千瓦,圆周速度可达 200 m/s。传动比稳定往往是对传动性能的基本要求,齿轮传动获得广泛应用,正是由于其具有这一特点。受结构尺寸的限制,齿轮传动单级传动比 i 为 5～8,最高不超过 10;在常用的机械传动中,以齿轮传动效率为最高,闭式传动效率为 96％～99％,这对大功率传动有很大的经济意义,传动效率最高可达 99％以上;设计、制造正确合理,使用、维护良好的齿轮传动,工作十分可靠,其外廓尺寸小,寿命可长达一二十年,这也是其他机械传动所不能比拟的。但是齿轮传动的制造及安装精度要求高,价格较贵,且不宜用于传动距离过大的场合;精度低时,运转有噪声,另外齿轮传动亦无过载保护作用。齿轮传动广泛应用于各行各业,特别是金属切削机床、汽车、起重运输机械、冶金矿山机械以及仪器仪表等。

4. 蜗杆传动

蜗杆传动是用来传递空间交错轴之间的运动和动力的。最常用的是轴交角 $\Sigma = 90°$ 的减速传动。蜗杆传动的主要特点是结构紧凑,单级传动就能得到很大的传动比,在传递动力时,传动比一般为 5～80,常用传动比为 15～50;在分度机构中传动比可达 300,若只传递运动,则传动比可达 1 000。蜗杆传动工作平稳、无噪声,单头蜗杆可制成自锁机构。但蜗杆传动效率低,制造精度要求高,刀具费用高。蜗杆传动不能连续地长期在大功率工况下工作,因此通常传递功率只用到 50 kW,但圆柱蜗杆传动最大传递功率可达 200 kW,新型的环面蜗杆传动可传递 4 500 kW 的功率。受发热条件限制,蜗杆传动的滑动速度为 $v_s \leqslant 15～35$ m/s。

通常对于给定的条件,可以设计出各种类型的传动。因此必须在传动效率、重量、外形尺寸、制造及运转费用等方面,将各种可能的传动方案进行比较,从其中选出一个最有利的方案。

26.1.2　传动系统基本组合

为满足同一工作机的力学性能要求,实现多级传动的方案有多种多样,往往可采用不同的传动机构。当工作机与原动机之间的速比不大时,采用单级传动装置即可满足要求;但当原动机的输出转速与工作机的输入转速相差较大时,它们之间就应采用多级传动机构来变速。这就要求我们合理地布置多级传动机构,恰当地采用各种不同的基本传动形式,正确地安排它们在传动链中的排列顺序,以便充分地发挥它们各自的优势。

进行传动系统组合时,应注意以下几项原则。

(1) 带传动具有传动平稳、吸振等特点,且能起过载保护作用。但由于它是靠摩擦力来工作的,因此在传递功率不变的前提下,带速较低时,传动装置的结构尺寸偏大。为了减小带传动装置的尺寸和重量,应将其布置在高速级。

（2）齿轮传动具有承载能力大、传动效率高、允许速度高、结构紧凑、寿命长等优点,因此在机械传动方案设计时一般应首先考虑选用齿轮传动。由于斜齿圆柱齿轮传动的承载能力和平稳性均比直齿圆柱齿轮传动的好,故高速级或要求传动平稳的场合,宜采用斜齿圆柱齿轮传动。而对于锥齿轮传动,当其结构尺寸太大时,加工困难,承载不均匀现象严重,因此应将其布置在高速级,并限制其传动比,达到控制其结构尺寸的目的。

（3）蜗杆传动具有传动比大、结构紧凑、工作平稳等优点,但其传动效率低,尤其是低速时效率更低,且蜗轮尺寸大、成本高,因此,它通常用于中小功率、间断工作或要求自锁的场合。为了提高传动效率、减小结构尺寸,最好将其布置在高速级。

（4）开式齿轮传动,由于润滑条件和工作环境恶劣,磨损快,寿命短,故应将其布置在低速级。

（5）链传动,由于工作时链速和瞬时传动比呈周期性变化,运动不均匀,冲击振动大,因此为了减小振动和冲击,应将其布置在低速级。

26.1.3　传动形式比较

从上述的传动系统基本组合可看出,减速器是传动装置中应用最广泛的部件。不同形式的齿轮或蜗轮依据不同的布置方式即可获得不同的传动方案,其效率也各不相同。表 26-2 所示为定轴传动减速器的主要类型及特点,供比较选用。

表 26-2　定轴传动减速器的主要类型与特点

类别	级数		传动简图	传动比范围	特点及应用
圆柱齿轮减速器	单级			调质齿轮 $i \leqslant 7.1$;淬硬齿轮 $i \leqslant 6.3$（$i \leqslant 5.6$ 较佳）	应用广泛,结构简单,精度容易保证。轮齿可做成直齿、斜齿或人字齿。可用于低速传动,也可用于高速传动
	二级	展开式		调质齿轮 $i = 7.1 \sim 50$;淬硬齿轮 $i = 7.1 \sim 31.5$	这是两级减速器中最简单、应用最广泛的结构,齿轮相对于轴承位置不对称。当轴产生弯扭变形时,载荷在齿宽上分布不均匀,因此轴应设计得具有较大刚度,并使高速级齿轮远离输入端。淬硬齿轮大多采用此结构
		分流式		$i = 7.1 \sim 31.5$	高速级为对称且左、右旋斜齿轮,低速级可为人字齿或直齿。齿轮与轴承对称布置。载荷沿齿宽分布均匀,轴承受载平均。但这种结构不可避免地会产生轴向窜动,影响齿面载荷的均匀性。因此结构上应保证有轴向窜动的可能

续表

类别	级数		传动简图	传动比范围	特点及应用
圆柱齿轮减速器	二级	同轴式		调质齿轮 $i=7.1\sim50$; 淬硬齿轮 $i=7.1\sim31.5$	箱体长度缩小,输入轴和输出轴布置在同一轴线上,使设备布置较为方便、合理。当传动比分配适当时,两对齿轮浸油深度大致相等。但轴向尺寸较大,中间轴较长,其齿轮与轴承不对称布置,刚性差,载荷沿齿宽分布不均匀
		同轴分流式		$i=7.1\sim31.5$	从输入轴到输出轴的功率分左、右两路传递。因此啮合轮齿仅传递一半载荷。输入轴与输出轴只受转矩,中间轴只承受全部载荷的一半。故可缩小齿轮直径、圆周速度及减速器尺寸。一般用于重载齿轮
	三级	展开式		调质齿轮 $i=28\sim315$; 淬硬齿轮 $i=28\sim180$ ($i=22.5\sim100$ 较佳)	同两级展开式
		分流式		$i=28\sim315$	同两级分流式
圆锥、圆锥圆柱齿轮减速器	单级			直齿 $i\leqslant5$; 斜齿 $i\leqslant8$; 淬硬齿轮 $i\leqslant5$ (较佳)	轮齿可制成直齿、斜齿,适用于输入轴与输出轴轴线垂直相交的场合。其制造安装复杂,成本高,仅在设备布置必要时才采用
	二级			直齿 $i=6.3\sim31.5$; 斜齿 $i=8\sim40$	特点同上,锥齿轮应在高速级,使锥齿轮尺寸不至于太大,否则加工困难
	三级			$i=35.5\sim160$	特点同上

续表

类别	级数	传动简图	传动比范围	特点及应用
蜗杆减速器	蜗杆下置式		$i=8\sim80$	蜗杆布置在蜗轮的下边,啮合处的冷却和润滑较好,蜗杆、轴承润滑也方便。但当蜗杆的圆周速度太大时,油的搅动损失也大。一般用于蜗杆的圆周速度 $v<5$ m/s 的场合
	蜗杆上置式		$i=8\sim80$	蜗杆布置在蜗轮的上边,装拆方便,蜗杆的圆周速度允许高一些,但蜗杆、轴承润滑不方便
	蜗杆侧置式			蜗杆放在蜗轮的侧面,蜗轮轴是竖直的

26.2　传动方案运动学及动力学设计

26.2.1　确定传动方案

合理的传动方案,首先应满足工作机的性能要求,其次还应满足工作可靠、传动效率高、结构简单且紧凑、成本低廉、工艺性好、使用和维护方便等要求。任何一个方案,要满足上述所有要求是十分困难的,设计人员要多方面地来拟定和评比各种传动方案,统筹兼顾,满足最主要和最基本的要求,然后确定最佳方案。

图 26-1 所示为传动功率($P_w=50$ kW)、低速轴转速($n_w=200$ r/min)、传动比($i=5$)都相同时,几种不同类型传动机构的外廓尺寸对比。可见,不同类型传动的外廓尺寸相差很大,选择传动类型时必须充分考虑这一点。

拟定传动方案时应考虑以下原则。

(1) 采用尽可能短的运动链,以利于降低成本、提高传动效率和传动精度。

(2) 恰当选用原动机的类型、运动参数和功率等。

(3) 合理选择传动的类型及其组合方式,合理安排传动机构的顺序,以充分发挥各种传动类型的优势。

(4) 合理分配传动比。各种传动均有一个合理使用的单级传动比值,一般不应超过。对于减速的多级传动,应视具体要求合理分配传动比。

(5) 保证机械的安全运转。

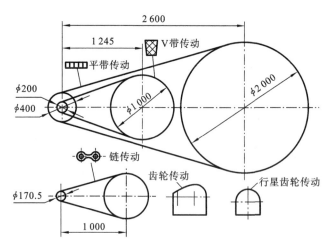

图 26-1　不同类型传动机构的外廓尺寸对比

26.2.2　选择电动机

原动机分一次原动机和二次原动机。一次原动机包括蒸汽机、汽轮机、汽油机、柴油机、燃气轮机。二次原动机包括电动机、气压马达、液压马达。野外工作和移动式机械均采用一次原动机,仅电力机车和有、无轨电车等由于有专门配置供电系统才可选用电动机作原动机,一般机械大都采用二次原动机,其中以电动机应用最为广泛。选择电动机就是选择电动机的类型、结构形式、功率、转速和具体型号。

1. 选择电动机的类型和结构形式

电动机的类型和结构形式应根据电源种类(直流或交流)、工作条件(环境、温度、工作机的机械特性等)、工作制度(连续或间歇)及对启动、平稳性、载荷大小、过载能力等方面的要求及其他条件来选用。

电动机分交流和直流,工业上一般采用三相交流异步电动机。对于载荷平稳、不调速、长期工作的机器,可采用鼠笼型异步电动机,其特点是结构简单、工作可靠,维护容易,价格低廉,配用调速装置后可提高启动性能,加、减速性能,稳态性能和对电网的功率因数,如 Y、YZ 系列电动机。对于载荷周期变化,启、制动次数较多,小范围调速的机器,可采用线绕型异步电动机,特点是启动转矩大、启动时功率因数高、可在最大转矩时调速,但维护较麻烦,价格较贵,如 YZR 系列电动机。电动机的结构有开启式、防护式、封闭式和防爆式等,可按照工作条件选择。

2. 确定电动机的转速

同一功率的异步电动机有 3 000、1 500、1 000、750 r/min 等几种同步转速。一般来说,电动机的同步转速越高,磁极对数越少,外廓尺寸越小,价格越低;反之,转速越低,外廓尺寸越大,价格越贵。当工作机转速高时,选用高速电动机较经济。但若工作机转速较低也选用高速电动机,则总传动比要增大,会导致传动装置的结构复杂,造价也高。所以在确定电动机转速时,应全面分析,权衡选用。一般机械中,用得最多的是同步转速为 1 500 r/min 和 1 000 r/min 这两挡的电动机。

3. 确定电动机的功率和型号

电动机的功率选择是否恰当,对电动机的正常工作和经济性都有影响。功率选得过小,不能保证工作机的正常工作或电动机会长期过载而过早损坏;功率选得过大,则电动机价格高,且经常不在满载下运行,电动机效率和功率因数都较低,造成很大的浪费。电动机功率的确定,主要与其载荷大小、发热、工作时间长短有关。一般选择时,应保证电动机的额定功率 P_e 稍大于电动机的所需功率 P_d,即 $P_e \geqslant P_d$。

电动机的所需功率按下述方法计算。

工作机所需的输入功率(kW)为

$$P_w = Fv/1\,000 \tag{3-1}$$

或

$$P_w = M\omega/1\,000 \tag{3-2}$$

式中:$F(\text{N})$、$M(\text{N} \cdot \text{m})$——工作机的驱动力、驱动力矩;

$v(\text{m/s})$、$\omega(\text{rad/s})$——工作机驱动构件的速度、角速度。

电动机的所需功率为

$$P_d = P_w/\eta \tag{3-3}$$

式中:η——传动装置及工作机的总效率。

$$\eta = \eta_1 \eta_2 \cdots \eta_n \eta_w \tag{3-4}$$

式中:$\eta_1 \eta_2 \cdots \eta_n$——传动装置中每对传动副或运动副(如联轴器、齿轮传动、带传动、链传动和轴承等)的效率;

η_w——工作机效率。

计算总效率时,要注意以下几点。

(1) 效率与工作条件、加工精度及润滑状况等一系列因素有关,表 26-3 所示的是常用机械传动形式和轴承的效率的概略值。当工作条件差、加工精度低、维护不良时,应取低值;反之取高值;情况不明时,一般取中间值。

表 26-3 常用机械传动形式和轴承效率的概略值

类　　型		效率 η
圆柱齿轮传动	7 级精度(油润滑)	0.98
	8 级精度(油润滑)	0.97
	9 级精度(油润滑)	0.96
	开式传动(脂润滑)	0.94～0.96
锥齿轮传动	7 级精度(油润滑)	0.97
	8 级精度(油润滑)	0.94～0.97
	开式传动(脂润滑)	0.92～0.95
蜗杆传动	自锁蜗杆(油润滑)	0.40～0.45
	单头蜗杆(油润滑)	0.70～0.75
	双头蜗杆(油润滑)	0.75～0.82
滚子链传动	开式	0.90～0.93
	闭式	0.95～0.97
带传动	V 带	0.90～0.94
	平带	0.94～0.98
	同步带	0.96～0.98
摩擦轮传动	圆柱摩擦轮	0.85～0.92
	槽摩擦轮	0.88～0.90
	圆锥摩擦轮	0.85～0.90

续表

类　　型		效率 η
螺旋传动	滑动螺旋	$0.3\sim0.6$
	滚动螺旋	$\geqslant0.90$
	静压螺旋	0.99
滚动轴承		$0.98\sim0.99$
滑动轴承		$0.97\sim0.99$
联轴器	有弹性元件的挠性联轴器	0.99
	齿式联轴器	0.99

（2）动力每经过一对运动副或传动副，就有一次功耗，故在计算总效率时，都要计入。

（3）表中传动效率仅是传动啮合效率，未计入轴承效率，故轴承效率须另计。表中轴承效率均指的是一对轴承的效率。

在电动机的类型、同步转速及所需功率确定后，就可根据资料来确定电动机的型号了。后面传动装置的计算和设计就是按照已选定的电动机型号的额定功率 P_e、满载转速 n_m、电动机的中心高度、外伸轴径和外伸轴长度等条件进行的。

26.2.3　传动比的计算与分配

1. 计算总传动比

传动装置的总传动比 i 为各级传动比的连乘积，可根据电动机的满载转速 n_m 和工作机所需转速 n_W 进行计算，即

$$i=i_1i_2\cdots i_n=n_m/n_W \tag{3-5}$$

2. 传动比的分配

在设计多级传动的传动装置时，各级传动比的分配，直接影响减速器的承载能力和使用寿命。传动比分配得不合理，会造成结构尺寸大、相互尺寸不协调、润滑不良、成本高、制造和安装不方便等。因此，分配传动比时，应考虑下列几项原则。

（1）各种传动的每级传动比应在推荐值的范围内。

（2）各级传动比应使传动装置尺寸协调、结构匀称、不发生干涉现象。例如，V 带的传动比选得过大，将使大带轮外圆半径 r_a 大于减速器中心高 H（见图 26-2(a)），安装不便；又如，在双级圆柱齿轮减速器中，高速级传动比选得过大，就可能使高速级大齿轮的顶圆与低速轴相干

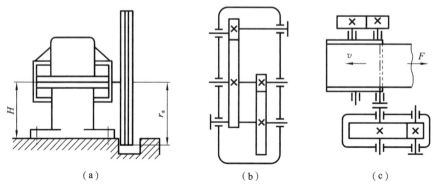

(a)	(b)	(c)

图 26-2　几种常见的干涉现象

涉(见图 26-2(b));再如,在运输机械装置中,开式齿轮的传动比选得过小,也会造成滚筒与开式小齿轮轴相干涉(见图 26-2(c))。

(3) 设计双级圆柱齿轮减速器时,高速级和低速级的齿轮强度应尽量相近,即按等强度原则分配传动比。

(4) 当减速器内的齿轮采用油池润滑时,各级大齿轮浸油深度应合理,各级大齿轮直径应相差不大,以避免低速级大齿轮浸油过深,增加搅油损失。

3. 减速器传动比分配方法

双级圆柱齿轮减速器可按下述三种方法分配传动比。

1) 按等强度分配

如果双级减速器各级的齿宽系数和齿轮材料的接触疲劳极限都相等,且 $a_2/a_1 = 1.1$,则通用减速器的公称传动比可按表 26-4 所示内容进行搭配。

表 26-4　双级减速器的传动比搭配

i	6.3	7.1	8	9	10	11.2	12.5	14	16	18	20	22.4
i_1	2.5	2.8	3.15		3.55		4		4.5	5	5.6	6.3
i_2	2.5				2.8			3.15			3.55	

2) 按等浸油高度分配

对于展开式双级圆柱齿轮减速器,考虑到合理润滑,应使两大齿轮直径相近,一般取 $i = \sqrt{(1.3 - 1.4)i}$, $i = i/i_1$。对于同轴式双级圆柱齿轮减速器,一般取 $i_1 = i_2 = \sqrt{i}$。

3) 按减速器体积最小分配

在中心距及齿宽系数的选择不受结构设计限制时,可以按下式分配速比:

$$i_1 = 0.8(i\sigma_{H\,lim1}/\sigma_{H\,lim2})^{\frac{2}{3}}, \quad i_2 = i/i_1$$

对于圆锥-圆柱齿轮减速器,为了便于加工,高速级锥齿轮传动比取 $i_1 = 0.25i$,且使 $i_1 \leqslant 3$。

对于蜗杆-圆柱齿轮减速器,为使传动效率高,低速级圆柱齿轮传动比可取 $i_2 = (0.03 \sim 0.06)i$。

对于双级蜗杆减速器,为了结构紧凑,可取 $i_1 = i_2 = \sqrt{i}$。

26.2.4　各轴转速、功率和输入转矩的计算

计算时,先将各轴从高速级到低速级依次编号为 0 轴(电动机轴)、Ⅰ 轴、Ⅱ 轴等,然后按此顺序进行计算。

1. 各轴转速的计算

各轴的转速可根据电动机的满载转速和各相邻轴间的传动比进行计算。各轴的转速分别为

$$\begin{cases} n_{\text{I}} = n_{\text{m}}/i_{01} \text{ r/min} \\ n_{\text{II}} = n_{\text{I}}/i_{12} \text{ r/min} \\ n_{\text{III}} = n_{\text{II}}/i_{23} \text{ r/min} \\ \vdots \end{cases}$$

式中:i_{01}、i_{12}、i_{23} 等——相邻两轴间的传动比;

n_{m}——电动机的满载转速。

2. 各轴输入功率的计算

有两种计算各轴输入功率的办法。

（1）按电动机的所需功率 P_d 计算。当所设计的传动装置用于某一专用机器时，常用此方法计算输入功率，因为它是电动机在稳定工作情况下实际上发出的功率，它的优点是设计出的传动装置结构紧凑。

（2）按电动机的额定功率 P_e 计算。设计通用机器或设计的传动装置用途不明时，为留有储备能力，以备发展或不同工作的需要，可以按额定功率 P_e 计算。

各轴的输入功率为

$$P_{\mathrm{I}} = P_\eta \eta_{01} \ \mathrm{kW}$$
$$P_{\mathrm{II}} = P_{\mathrm{I}} \eta_{02} \ \mathrm{kW}$$
$$P_{\mathrm{III}} = P_{\mathrm{II}} \eta_{03} \ \mathrm{kW}$$

3. 各轴输入转矩的计算

各轴的输入转矩为

$$\begin{cases} T_{\mathrm{I}} = 9\,550 P_{\mathrm{I}}/n_{\mathrm{I}} \ \mathrm{N \cdot m} \\ T_{\mathrm{II}} = 9\,550 P_{\mathrm{II}}/n_{\mathrm{II}} \ \mathrm{N \cdot m} \\ T_{\mathrm{III}} = 9\,550 P_{\mathrm{III}}/n_{\mathrm{III}} \ \mathrm{N \cdot m} \end{cases}$$

26.3　传动零件设计计算和轴系零件的初步选择

传动装置零部件包括传动零件、支承零部件和连接零件，其中对传动装置的工作性能、结构布置和尺寸大小起主要决定作用的是传动零件。支承零部件和连接零部件就要根据传动零件的要求来设计。因此，一般应先设计传动零件，确定其尺寸、参数、材料和结构，为设计减速器装配草图和零件工作图做准备。

各传动零件的设计计算方法在机械设计教材中已有详细介绍，这里仅就设计时易被疏忽的细节或应注意的问题作简要说明。

26.3.1　传动零件设计计算要点

1. 普通 V 带传动

普通 V 带的设计条件为：工作状况及对外廓尺寸、传动位置（距离）的要求；原动机的种类及所需功率，主动轮及从动轮转速或速比等。

设计的内容有：带的型号、长度、根数，带轮的直径、宽度和轴孔直径，中心距，初拉力，作用在轴上的压力的大小和方向等。设计时首先应注意按照国家标准及设计准则，检查各项参数是否在合理范围内，带轮尺寸与传动装置其他结构的相互关系是否协调。例如，装在电动机轴上的小带轮直径与电动机中心高是否相称，带轮轴孔直径、长度与电动机轴长度、直径是否对应，大带轮外圆是否与其他零件（如机座）相干涉等。

确定带轮直径后，应根据该直径和滑动率计算带传动的实际传动比和从动轮的转速，并据此修正减速器所要求的传动比和输入转矩。

2. 链传动

在设计传动系统时，通常要进行套筒滚子链传动设计，其设计条件是：载荷特性及工况，传动功率，主、从动链轮的转速或速比，外廓尺寸限制、传动布置方式的要求及润滑条件。

设计的内容有:链的型号、节距、链节数和排数,链轮齿数、直径、轮毂宽度,中心距,作用在轴上的力的大小和方向等。

设计时,按照国家标准及设计准则,检查各项参数,尽可能使其选取在合理范围内。为避免使用过渡链节,链节数应取偶数;为使磨损均匀,链轮齿数最好选为奇数或不能整除链节数的数;当单排链结构尺寸过大时,取双排或多排链。

与带传动相似,应注意链轮尺寸与其周围零部件间的相互关系问题。确定参数后,同样要计算链传动的实际传动比,并据此调整减速器所需传动比及转矩。

3. 齿轮传动

齿轮传动的设计条件为:传递的功率(或转矩)、转速、传动比、工作条件及尺寸限制等。设计的内容有:齿轮的材料,齿轮传动参数(如中心距、齿数、模数、螺旋角、变位系数、齿宽等,对于锥齿轮传动,还包括锥距、节锥角、顶锥角和根锥角等的设计),齿轮其他几何尺寸和结构。

开式齿轮传动和闭式齿轮传动应区别对待。

(1) 开式齿轮传动的主要失效形式为轮齿的弯曲疲劳折断和磨损,因此,开式齿轮设计一般只需计算轮齿弯曲疲劳强度。考虑齿面磨损,应将强度计算所求得的模数加大 10% ~ 20%。

开式齿轮常用于低速传动,一般采用直齿。由于工作环境较差、灰尘较多、润滑不良、磨损较严重,故齿轮材料应注意配对,使其具有减摩和耐磨性能。由于开式齿轮常作悬臂布置,支承刚性较差,为减轻轮齿载荷分布不均,齿宽系数应选小些,一般取 $\phi_a = 0.1 \sim 0.3$。

与带传动和链传动相似,同样需检查传动中心距是否合适或与其他零部件发生干涉。

(2) 闭式齿轮传动工作状况比开式传动的工作状况好得多,磨损已不是其选材的主要依据。齿轮材料及其热处理方式的选择,应根据齿轮工作性能是否有特殊要求、传动尺寸的要求、制造设备条件等进行综合考虑。对于初学者来说,齿轮传动的选材显得格外重要,材料选用不当,直接影响齿轮的结构尺寸,继而可能导致整个传动系统的结构不协调。若传递功率大,且要求尺寸紧凑,则应选用合金钢,并采用表面淬火或渗碳淬火、碳氮共渗等热处理手段;若对齿轮的尺寸没有严格的要求,则可选用普通碳钢或铸铁,采用正火或调质等热处理方式。当齿轮顶圆直径 $d_a < 400 \sim 500$ mm 时,可采用锻造或铸造的工艺制造齿轮毛坯,当 $d_a > 500$ mm 时,受锻造设备能力的限制,应选用铸铁或铸钢铸造齿轮毛坯。当齿轮直径与轴径相差不大(对于圆柱齿轮,齿轮的齿根至键槽的距离。$x < 2.5m_n$;对于直齿锥齿轮,$x < 1.6m$)时,齿轮应和轴做成一体,此时选材要兼顾轴的要求。同一减速器中的各级小齿轮(或大齿轮)的材料应尽可能一致,以减少材料牌号数目和简化工艺要求。

在齿轮强度计算公式中,载荷和几何参数是用小齿轮的输出转矩 T_1 和直径 d_1(或 mz_1)表示的。因此,计算齿轮强度时,不管是针对大齿轮还是小齿轮,公式中的转矩、直径、齿数应按小齿轮参数代入。考虑到补偿装配时大小两个齿轮的轴向位置误差,通常小齿轮齿宽 b_1 比大齿轮齿宽 b_2 大 5 ~ 10 mm,因此计算齿面接触疲劳强度时,齿宽 $b = \phi_d d_1$,指的是大齿轮的齿宽;计算齿根弯曲疲劳强度时,应用各齿宽代入计算公式进行计算。

齿轮传动的参数和尺寸有严格的要求,应分别进行标准化、圆整或计算精确值。对于大批生产的减速器,其齿轮中心距应参考标准减速器的中心距;对于中、小批生产或专用减速器,为了制造、安装方便,其中心距应圆整,尾数最好为 0 或 5 mm。模数取标准值,齿宽也应圆整。而分度圆直径、齿顶圆直径、齿根圆直径、锥齿轮的锥距等不允许圆整,应精确到“微米”(即毫米单位的小数点后三位数);螺旋角、节锥角、顶锥角、根锥角等角度尺寸应精确计算到“秒”。

最后,验算总传动比,使其取值在设计任务书要求范围之内,否则应调整齿轮参数。

4. 蜗杆传动

蜗杆传动需要设计的内容是：蜗杆和蜗轮的材料及其热处理方式，蜗杆的头数和直径系数，蜗轮的齿数和模数及其分度圆直径、齿顶圆直径、齿根圆直径、蜗杆导程角（蜗轮螺旋角）、蜗杆螺旋部分长度，蜗轮轮缘宽度和轮毂宽度以及结构尺寸等。

由于蜗杆传动的滑动速度大，摩擦发热剧烈，因此要求蜗杆蜗轮副的材料具有较好的耐磨性和抗胶合能力。一般根据初步估计的滑动速度来选择材料。当蜗杆传动尺寸确定后，要检验相对滑动速度和传动效率与估计值是否相符，并检查材料选择是否恰当。若与估计值有较大出入，应修正后重新计算。

闭式蜗杆传动因发热大，易产生胶合，应进行热平衡计算，但须在蜗杆减速器装配草图完成后进行。

26.3.2　轴系零件的初步选择

轴的结构设计要在联轴器、轴承型号选定后进行，这一切都依赖于轴径的初步估算。

1. 初估轴径

轴径的初步估算有以下两种方法。

其一，轴与其他标准件（如电动机）用联轴器相连，此时可不必计算，直接按照电动机的输出轴径或相连联轴器的允许直径系列来确定轴的直径。

其二，当轴不与标准件相连时，轴的直径可按扭转强度进行估算，即

$$d = C \sqrt[3]{P/n}$$

式中：P——轴传递的功率（kW）；

$\quad n$——轴的转速（r/min）；

$\quad C$——依据轴的材料和受载情况确定的系数。

若轴的材料为 45 钢，通常取 $C = 106 \sim 117$。确定 C 值时应考虑轴上弯矩对轴强度的影响。当只受转矩或弯矩相对转矩较小时，C 取小值；当弯矩相对转矩较大时，C 取大值。在多级齿轮减速器中，高速轴的转矩较小，C 取较大值；低速轴的转矩较大，C 应取较小值；中间轴的 C 取中间值。对其他牌号的材料的轴，其 C 参阅有关教材介绍的方法取值。

初算轴径时，还要考虑键槽对轴强度的影响。当该段轴截面上有一个键槽时，d 需增大 5%；有两个键槽时，d 增大 10%。然后将轴径圆整成为标准值。

上述计算出的轴径，一般指的是传递转矩轴段的最小轴径，但对于中间轴，可作为轴承处的轴径。

初估出的轴径并不一定是轴的真实直径，具体轴的实际直径是多少，还要视轴的具体结构而定，通常轴的最小直径不能小于轴的初估直径。

2. 选择联轴器

选择联轴器包括选择联轴器的型号和类型。

联轴器的类型应根据传动装置的要求来选择。在选用电动机轴与减速器高速轴之间连接用的联轴器时，由于轴的转速较高，为减小启动载荷，缓和冲击，应选用具有较小转动惯量和有弹性元件的联轴器，如弹性套柱销联轴器等。在选用减速器输出轴与工作机之间连接用的联轴器时，由于轴的转速较低，传递转矩较大，且减速器与工作机常不在同一机座上，要求有较大的轴线偏移补偿，因此常选用承载能力较高的无弹性元件的挠性联轴器，如鼓形齿式联轴器等。若工作机有振动冲击，为了缓和冲击，以免振动影响减速器内传动件的正常工作，可选用

有弹性元件的联轴器,如弹性柱销联轴器等。

　　联轴器的型号按计算转矩、轴的转速和轴径来选择。要求所选联轴器的许用转矩大于计算转矩,还应注意联轴器两端毂孔直径范围与所连接两轴的直径大小要相适应。若不适应,则应重选联轴器的型号或改变轴径。

3. 初选滚动轴承

　　滚动轴承的类型应根据所受的载荷大小、性质、方向、转速及工作要求进行选择。若只承受径向载荷或主要是径向载荷而轴向载荷较小,轴的转速较高,则选择深沟球轴承;若轴承同时承受较大的径向力和轴向力,或者需要调整传动件(如锥齿轮、蜗杆蜗轮等)的轴向位置,则应选择角接触球轴承或圆锥滚子轴承。由于圆锥滚子轴承装拆方便,价格较低,故应用最多。

　　根据初算轴径,考虑轴上零件的轴向定位和固定,估计出装轴承处的轴径,再假设选用轻系列或中系列轴承,这样可初步定出滚动轴承型号。至于选择是否合适,则有待于在减速器装配草图设计中进行寿命验算后再来调整。

第 27 章　减速器装配图的设计

27.1　减速器装配图常见错误

减速器装配草图已基本表明减速器各零件的结构及其装配关系。在此基础上,应从设计的基本原则出发,就草图设计的细部结构进行认真分析和进一步完善,将装配草图零件之间的某些不协调及零件的结构、制造或装配工艺方面欠妥之处,在减速器装配图设计中进行改进。

减速器装配图应当清晰并准确地表达减速器整体结构、所有零件的形状和尺寸、相关零件间的连接性质及减速器的工作原理。减速器装配图是减速器装配、调试、维护等的技术依据,还应表示出减速器各零件的装配和拆卸的可能性、次序及减速器的调整和使用方法。

在减速器装配图的设计过程中,每完成一步都应仔细检查。下面以两级圆柱齿轮减速器的设计为例,给出了减速器装配图中常见错误。图 27-1 所示中○处表示设计不正确或结构工艺性不好之处,其相应的说明如表 27-1 所示。

减速器装配图设计的主要内容有:按机械工程设计制图国家标准规定绘制各视图;标注必要的尺寸及相关的精度要求;标注零件的序号并填写标题栏及明细表;编制减速器技术特性表;注写技术要求等。

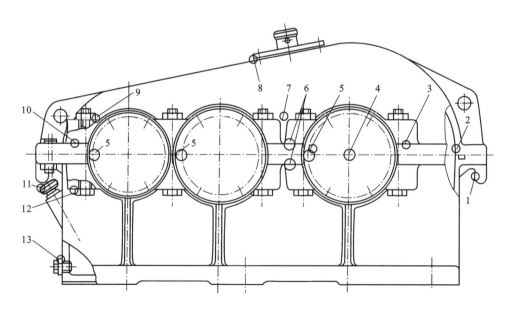

图 27-1　减速器装配图常见错误

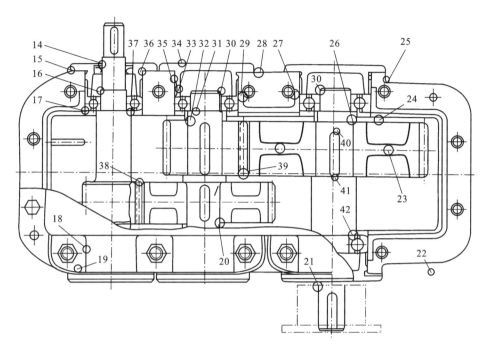

续图 27-1

表 27-1　圆柱齿轮减速器装配图常见错误分析

序号	错误(或不好)的原因
1	吊钩结构不合理、减小了吊钩强度;
2	箱盖内缘应开斜口,使润滑油流回箱体上的油沟中,图中所示润滑油不能导入油沟;
3	根据投影关系,此线不能通至轴承端盖处;
4	缺输出轴轴伸端投影;
5	轴承端盖螺钉不能装在箱体与箱盖的接合面上;
6	此处无线条;
7	两凸台相距太近,狭缘不便铸出,应将两凸台连成一整体;
8	窥视孔太小,且没有密封垫片;
9	缺沉孔,且箱体轴承旁凸台与箱体下凸缘的间距小,螺栓不易由下向上装,故应将螺栓倒过来安装;
10	此线不能通至轴承端盖处;
11	油标座孔倾斜不够,无法加工,且油标不能装拆;
12	缺沉孔;
13	放油孔位置应移至箱体底部,且放油孔处应有凸台,加密封垫片;
14	轴承端盖上的轴孔应与轴之间有间隙,以减少摩擦;
15	轴承座孔端面应凸起,以便于与非加工面分开;
16	安装轴承段轴径太长,不便安装轴承,应改为与轴承宽度基本相同;
17	油沟内的油会向箱内泄漏,不能导入轴承进行润油;
18,19	凸台投影关系不对;
20	轴在此处应有阶梯,且与齿轮连接段的长度应略小于齿轮轮毂宽度;
21	联轴器与箱体相距太近,且轴肩尺寸不能满足联轴器的定位要求;
22	应选择合适位置表达底座凸缘;
23	为减轻重量和便于搬运,齿轮辐板上应开 4~6 个孔

序号	错误（或不好）的原因
24	齿轮与箱体内壁距离太近；
25	凸台投影关系不对。底座下凸缘也应有投影，未表达；
26	与齿轮轮毂连接的轴段长度应小于轮毂宽度；
27	轴承旁螺栓孔与油沟发生干涉；
28	轴承座孔端面应凸起，以便于与非加工面分开；
29	轴承旁螺栓孔与油沟发生干涉；
30	轴径太长，不利于安装轴承，且浪费材料等；
31	用套筒定位，此处轴不能再设计为阶梯；
32	与齿轮轮毂连接的轴段长度应小于轮毂宽度；
33	油润滑轴承时，所有轴承端盖上均需要设油槽；
34	为减少机械加工，轴承端盖中部应设计成凹面或凸起，以便把加工面与非加工面分开；
35	轴承端盖与轴承座孔的配合段太短；
36	调整垫片内径应略大于轴承座孔内径，否则轴承端盖不能装入；
37	轴肩尺寸过大无法拆卸轴承；
38、39	小齿轮宽度应大于大齿轮宽度，以保证啮合宽度和方便安装；
40、41	键槽的位置不对，41处易产生应力集中，且不利于装配，所以键槽位置应向齿轮装入端移动；
42	轴肩尺寸过大无法拆卸轴承；
*	若为斜齿圆柱齿轮减速器，当采用圆锥滚子轴承或角接触球轴承时，图中结构应采用正装；
* *	注意剖面线画法；同一零件在不同视图上应有方向一致且疏密相同的剖面线；轴承内、外为两个零件，剖面线应有区别

27.2　减速器装配图视图的绘制

减速器装配图一般需选择三个基本视图，并结合必要的剖视、剖面和局部视图加以补充。在三个视图中，应尽可能将减速器的工作原理和主要装配关系集中反映在一个基本视图上，如齿轮减速器可用俯视图作为基本视图；蜗杆减速器可用主视图作为基本视图。

27.2.1　布置视图时应注意的事项

（1）整个图面应匀称美观，并在右下方预留减速器技术特性表、技术要求、标题栏和零件明细表的位置。

（2）各视图之间应留有适当的空间，用于标注和零件序号标注的位置。

27.2.2　绘制减速器装配图应注意的事项

（1）先画中心线，然后由中心向外依次画出轴、传动零件、轴承、箱体及其附件。

（2）先画轮廓、后画细节，先用淡线画、最后再加深。

（3）若须进一步表达某些零件内部结构，则可采用局部剖视或向视图来表示该结构。

（4）三个视图中以基本视图为主，兼顾其他视图。

（5）剖视图的剖面线间距应与零件的大小相协调，相邻零件的剖面线应尽可能取不同方向，也可取同方向但不同间距，以示不同零件的区别。

（6）对于零件剖面宽度 $\delta \leqslant 2$ mm 的剖视图，其剖面允许涂黑表示。

（7）同一零件在各视图上的剖面线方向和间距要一致。

27.3　减速器装配图尺寸的标注

减速器装配图上必须标注反映减速器的特性、配合、外形、安装的尺寸。

27.3.1　特性尺寸

特性尺寸用于表明减速器的性能、规格和特征，如传动零件的中心距及其极限偏差等。

27.3.2　配合尺寸

减速器中有配合要求的零件应标注配合尺寸，包括标注公称尺寸、配合性质及精度等级，其配合的选择是否得当，对减速器的工作性能、加工及装配工艺均有直接影响。减速器装配图推荐用的配合如表 27-2 所示，也可对照设计手册正确选择。

表 27-2　减速器主要零件的荐用配合精度

配合零件	荐用配合	装拆方法
一般传动零件与轴、联轴器与轴	$\dfrac{H7}{r6}$，$\dfrac{H7}{s6}$	用压力机或温差法
要求对中性良好及很少拆装的传动零件与轴、联轴器与轴	$\dfrac{H7}{s6}$	用压力机
经常装拆的传动零件与轴、联轴器与轴、小锥齿轮与轴	$\dfrac{H7}{m6}$，$\dfrac{H7}{k6}$	用手锤打入
滚动轴承内圈与轴	轻负荷（$p \leqslant 0.07C$）：j6 中负荷（$p \leqslant 0.07C \sim 0.15C$）：k6，m6 重负荷（$p > 0.15C$）：n6，p6，r6	用压力机或温差法
滚动轴承外圈与机座孔	H7	用木锤或徒手装拆
轴承套杯与机座孔	$\dfrac{H7}{h6}$	用木锤或徒手装拆
轴承端盖与机座孔	$\dfrac{H7}{h8}$，$\dfrac{H7}{f8}$	用木锤或徒手装拆

27.3.3　外形尺寸

外形尺寸用于表明减速器在装配图中整体所占空间，以方便包装运输、现场布置和安装。装配图中应将减速器最大的长、宽、高用外形尺寸表达清楚。

27.3.4　安装尺寸

安装尺寸是用于表明减速器在基础上的安装及与电动机或其他零件连接安装的尺寸，如减速器箱体底面的长与宽，地脚螺栓的位置、间距及其通孔的直径，外伸轴端的直径、配合长度及中心高度等。

27.4　零件序号、标题栏和明细表

为了便于读图、装配和做好生产准备工作,减速器装配图上每个不同零件或组件都需进行编号,同时填写相应的标题栏和明细表。

标注零件序号时应逐一编号,避免出现遗漏和重复。对于形状、尺寸和材质完全相同的零件应编为一个序号。零件或组件序号应标注在视图外面,并将其写在引出线末端的水平粗短线上,引出线的另一端画一小黑点,指在被标注零件的视图内部。引出线不允许相交,也不应与尺寸线、尺寸界线、剖面线平行。编号位置应整齐,并沿顺时针或逆时针顺序编写。成组使用且装配关系清楚的零件组(如螺栓、垫片、螺母等)可共用同一引出线,在引出线一端水平粗短线上按顺序分别标注零件序号。购置的独立部件或标准件(如轴承、通气器、油标等)可用一个编号。零件编号时也可将标准件和非标准件分开,标准件前加注"B"以示区别。零件序号的字号要比尺寸字号大1~2号。

标题栏应按国家标准规定绘于图纸右下角指定位置,用于说明减速器名称、绘图比例及责任者姓名等。标题栏内容须逐项填写,其中图号应根据设计内容用汉语拼音字母及数字编写。

明细表作为减速器装配图上所有零件的总目录,应注明每种零件或组件的序号、名称、数量、材料及标准规格等。

作为机械设计课程设计所绘制的减速器装配图,其标题栏及明细表可参照图27-2所示统一格式填写。

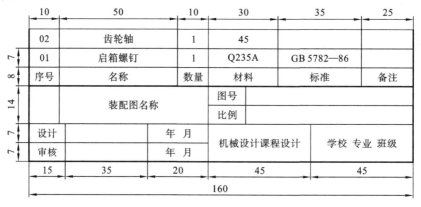

图27-2　装配图标题栏及明细表格式

27.5　减速器技术特性和技术要求

减速器的主要性能指标和主要传动件的特性参数、精度等级需在装配图上以技术特性表的形式给出,布置在装配图右下方的空白处。表中所填的具体内容包括:减速器输入功率、输入轴转速、效率、总传动比及各级传动的主要参数。表27-3所示的是两级圆柱齿轮减速器的技术特性示例。

减速器装配图仍有一些用视图无法表达或表达不清楚的有关装配、调整、润滑、检验及维护等方面的内容,只能以"技术要求"的形式用文字来表达,注写在装配图右下方的适当位置。正确执行技术要求,是保证减速器正常工作的重要条件。技术要求通常包括以下内容。

表 27-3　减速器技术特性

输入功率/kW	输入轴转速/(r/min)	效率η/(%)	总传动比i	传动特性									
				第 1 级				第 2 级					
				m_n/mm	β/(°)	齿数/个		精度等级	m_n/mm	β/(°)	齿数/个		精度等级
						z_1					z_1		
						z_2					z_2		

27.5.1　减速器装配前的要求

减速器装配前所有零部件必须按图样进行检验,确认合格后,清除铁屑并用煤油或其他方法清洗干净,滚动轴承用汽油清洗。对箱体内表面及某些零件的非配合表面进行必要的防蚀处理。

27.5.2　滚动轴承游隙的要求

滚动轴承装配后必须保证有一定的游隙,用手转动时应轻快灵活。游隙值可根据工作温升、相关零件的实际加工误差及零件的几何尺寸(如轴的跨距)等因素估算确定。若游隙过大,轴可能在工作时会发生轴向窜动;若游隙过小,则容易由于轴的热膨胀而导致轴承轴向过紧,运转摩擦阻力过大,不灵活,发热严重,使轴承过早失效。

对于游隙可调且内、外套圈可分离的向心角接触轴承,其游隙在装配时应调整准确。向心角接触轴承的轴向游隙荐用值如表 27-4 所示。对于游隙不可调且内、外套圈不可分离的轴承(如深沟球轴承),可在其外圈端面与轴承端盖之间留有适当间隙,一般取 0.2~0.4 mm,跨度尺寸越大,间隙取值越大。

表 27-4　向心角接触轴承的轴向游隙荐用值

轴承类型	轴承内径d/mm		允许角接触轴承的轴向游隙荐用/μm					
			一端固定,一端游动		两端单向固定		一端固定,一端游动	
			最小	最大	最小	最大	最小	最大
	超过	到	接触角 α					
			$\alpha=15°$				$\alpha=25°$ 及 $40°$	
角接触球轴承	—	30	20	40	30	50	10	20
	30	50	30	50	30	70	15	30
	50	80	40	70	50	100	20	40
	80	120	50	100	60	150	30	50
			$\alpha=10°\sim16°$				$\alpha=25°\sim29°$	
	—	30	20	40	40	70	—	—
	30	50	40	70	50	100	20	40
	50	80	50	100	80	150	30	50
	80	120	80	150	120	200	40	70

27.5.3　传动接触斑点要求

对于相啮合的传动零件,装配时可进行传动零件接触斑点的检验,以保证其接触精度。有关圆柱齿轮传动、圆锥齿轮传动及蜗杆传动接触斑点的具体要求可分别查阅相关参考文献。

传动接触斑点的检验方法是在主动轮齿面上涂色,让主动轮回转 2～3 周后,观察从动轮齿面上的着色情况,分析接触斑点的位置、分布及接触面积大小是否符合精度要求。接触斑点未达到精度要求时,应进行齿面刮研、跑合,以及调整传动件的啮合位置来改善接触情况。

27.5.4　啮合侧隙要求

齿轮副的侧隙用最小极限偏差 $j_{n\min}$(或 $j_{t\min}$)与最大极限偏差 $j_{n\max}$(或 $j_{t\max}$)来表示。最小极限偏差与最大极限偏差应根据齿厚极限偏差和传动中心距极限偏差等通过计算确定(参阅《公差与技术测量》)。

通常可用塞尺或压铅法检测齿轮副的侧隙。所谓压铅法是将铅丝放在齿槽内,转动轮齿将铅丝压扁,测量齿两侧被压扁的铅丝厚度之和即为侧隙大小。当侧隙不符合要求时,可调整垫片厚度使传动件位置改变来满足要求。

27.5.5　箱体与箱盖接合要求

在进行减速器装配时,在拧紧箱体连接螺栓前,应使用 0.05 mm 塞尺检查箱盖与箱座接合面之间的密封性。箱盖与箱座接合面之间严禁用垫片,为增强密封性,允许涂密封胶或水玻璃。运转过程中不允许有漏油和渗油的现象。

27.5.6　减速器的润滑

润滑对减速器整机性能影响较大,良好的润滑有减小摩擦、降低磨损、冷却散热、清洁运动副表面及减振、防蚀等功用。在技术要求中应规定润滑油的牌号、用量、更换期等。一般在高速重载、频繁启动等温升较大或不易形成油膜的工况下,应适当选用黏度高、油性及极压性好的润滑油;在轻载工况下,润滑油黏度可适当降低。具体牌号可查有关手册。

箱座内油量的多少主要根据传动零件要求、散热要求和油池基本高度等因素加以确定。

减速器的润滑油除在跑合后应立即更换外,还应定期检查、更换。更换期一般为半年左右,油量也应定期检查,油量不足时应及时添加。

27.5.7　试验要求

减速器装配完毕后,在出厂前一般要进行整机性能试验(空载试验和负载试验),根据工作和产品规范,可选择抽样或全部产品进行试验。

(1)空载试验　在空载试验时,应规定运动平稳性及其他运转条件的检验项目,在额定转速下正、反转各 1～2 h,要求运转平稳,无异常噪声,或噪声低于规定值,各密封处不得有漏油、渗油,各部件试验后无明显变化,各连接固定处无松动。

(2)负载试验　在额定转速和额定功率下运转,至油温稳定为止,除达到上述要求外,油池温升不得超过 35 ℃,轴承温升不得超过 40 ℃。

27.5.8　包装运输要求

搬动起吊减速器时应用其箱座上的吊钩来起吊,箱盖上的吊耳或吊环螺钉只供起吊箱盖时用。机器出厂前应对外观做符合用户要求的或相关标准的外部处理,如箱体外表面涂防护漆等。外伸部分并将与其他零件配合安装的部分,应进行防蚀处理后严格包装,如涂脂后包装等。

第 28 章　设计计算说明书的编写

28.1　设计计算说明书的内容

设计计算说明书既是图样设计的理论依据,又是设计计算过程的总结,也是审核设计是否合理的重要技术文件之一。因此编写设计计算说明书是设计工作的一个重要环节,一般应在完成全部设计计算及图样后进行整理编写。

设计计算说明书对计算内容一般要求只写出主要过程,最后写清计算结果或结论,主要结果或结论书写在说明书右侧一栏。说明书一般还应包括有关的简图,如传动方案简图、轴的受力分析图、弯矩图、传动件草图等。说明书中引用的重要公式或数据要注明出处、参考文献的编号和页码。

对于以减速器为主的机械传动系统设计,其计算说明书的内容大致包括如下项目:

(1) 目录(标题、页码);

(2) 设计任务书(设计题目);

(3) 传动系统方案的拟订(简要说明、附传动方案简图);

(4) 电动机的选择和计算;

(5) 传动装置运动和动力参数的选择和计算(包括传动比的分配,计算各轴的转速、功率和转矩);

(6) 传动零件的设计计算;

(7) 轴的设计计算;

(8) 键连接的选择和计算;

(9) 滚动轴承的选择和计算;

(10) 联轴器的选择和计算;

(11) 润滑方式、润滑剂及密封装置的选择;

(12) 箱体及附件的结构设计和选择;

(13) 设计小结(简要说明课程设计的体会,设计的优、缺点和设计中存在的问题);

(14) 参考文献(资料编号、编者姓名、书名、出版单位所在地、出版单位、出版年份)。

28.2　设计计算说明书的编写要求

(1) 设计计算说明书必须用 A4 纸打印(或书写在 A4 纸上),要求字体工整、文字简明、图形清晰、计算正确。要统一封面、编好目录,最后装订成册。

(2) 设计计算说明书应以计算内容为主,应列出计算公式、代入相应数据、得出计算结果(推导过程不必写出),并注明单位,写出简短的分析结论(如满足强度、符合要求等)。整个计算过程要附加必要的说明,对每一自成单元的内容,都应有大、小标题或相应的编写序号。

(3) 对所引用的重要公式和数据,应注明来源(参考文献的编号);对所选用的主要参数、尺寸、规格及计算结果等,可书写在相应的计算过程右侧一栏之中,也可采用表格形式列出。

（4）为了清楚说明计算内容,应附必要的插图和简图(如传动系统方案简图,轴的受力图、结构图、弯矩图、转矩图及轴承组合形式简图等)。

（5）所有计算中所使用的参量符号和脚标,必须统一。

28.3　设计计算说明书的书写格式示例

计算及说明	结　果
1. 设计任务书 **1）设计任务** 设计带式输送机的传动系统,采用两级圆柱齿轮减速器和开式圆柱齿轮传动。 **2）原始数据** 输送带有效拉力　　　　　　$F=6\,000$ N 输送带工作速度　　$v=0.5$ m/s　（允许误差±5%） 输送带滚筒直径　　　　　　$d=400$ mm 减速器设计寿命为 10 年 **3）工作条件** 两班制工作,空载启动,载荷平稳,常温下连续(单向)运转,工作环境多尘;三相交流电源,电压为 380 V/220 V。 **2. 传动系统方案的拟订** 带式输送机传动系统方案如图 28-1 所示。	

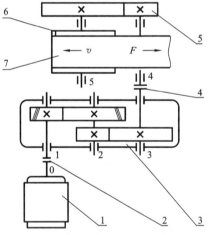

图 28-1　带式输送机传动系统方案

1—电动机;2,4—联轴器;3—减速器;5—齿轮;6—滚筒;7—输送带

　　带式输送机由电动机驱动。电动机 1 通过联轴器 2 将动力传入减速器 3,再经联轴器 4 及开式齿轮 5 将动力传至输送机滚筒 6,带动输送带 7 工作。传动系统中采用两级展开式圆柱齿轮减速器,其结构简单,但齿轮相对于轴承位置不对称,因此要求轴有较大的刚度,高速级为斜齿圆柱齿轮传动,低速级为直齿圆柱齿轮传动。

计算及说明	结　果
3. 电动机的选择 **1）电动机的功率** 由已知条件可以计算出工作机所需的有效功率	$P_w = 3.0\ \mathrm{kW}$

3. 电动机的选择

1）电动机的功率

由已知条件可以计算出工作机所需的有效功率

$$\cdots\cdots P_w = \frac{F_v}{1\ 000} = \frac{6\ 000 \times 0.5}{1\ 000}\ \mathrm{kW} = 3.0\ \mathrm{kW}$$

查阅相关参考文献确定：

$\eta_1 = 0.99$　联轴器效率；

$\eta_2 = 0.99$　一对滚动轴承效率；

$\eta_3 = 0.97$　闭式圆柱齿轮传动效率；

$\eta_4 = 0.95$　开式圆柱齿轮传动效率；

$\eta_5 = 0.96$　输送机滚筒；

传动系统总效率　　$\eta_{总} = \eta_{01}\eta_{12}\eta_{23}\eta_{34}\eta_{45}\eta_5 = 0.8$

式中：

$\eta_{01} = \eta_1 = 0.99$

$\eta_{12} = \eta_2\eta_3 = 0.99 \times 0.97 = 0.96$

$\eta_{23} = \eta_2\eta_3 = 0.99 \times 0.97 = 0.96$

$\eta_{34} = \eta_2\eta_1 = 0.99 \times 0.99 = 0.98$

$\eta_{45} = \eta_2\eta_4 = 0.99 \times 0.95 = 0.94$

$\eta_5 = \eta_2\eta_5 = 0.99 \times 0.96 = 0.95$

工作机所需电动机功率为

$$P_r = \frac{P_w}{\eta_{总}} = \frac{3.0}{0.8}\ \mathrm{kW} = 3.75\ \mathrm{kW}$$

$P_r = 3.75\ \mathrm{kW}$

2）电动机转速的选择

输送机滚筒轴的工作转速为

$$n_w = \frac{60\ 000}{\pi d} = \frac{60\ 000}{3.14 \times 375}\ \mathrm{r/min} = 30.56\ \mathrm{r/min}$$

考虑到整个传动系统为三级减速，总传动比可适当取大一些，选同步转速 $n_s = 1\ 500\ \mathrm{r/min}$。

3）电动机型号的选择

根据工作条件：工作环境多尘、单向运转、两班制连续工作，所需电动机功率 $P_r = 3.75\ \mathrm{kW}$ 及电动机的同步转速 $n_s = 1\ 500\ \mathrm{r/min}$ 等，选用 Y 系列三相异步电动机，卧式封闭结构，型号为 Y112M-4，其主要性能数据如下：

电动机额定功率　$P_m = 4\ \mathrm{kW}$

电动机满载转速　$n_m = 1\ 440\ \mathrm{r/min}$

电动机轴伸直径　$D = 28\ \mathrm{mm}$

电动机轴伸长度　$E = 60\ \mathrm{mm}$

4. 传动比的分配

带动输送机传动系统的总传动比为

$$i = \frac{n_m}{n_w} = \frac{1\ 440}{30.56} = 47.12$$

由传动系统方案知，

$$i_{01} = 1;\quad i_{34} = 1$$

查阅相关文献查取开式圆柱齿轮传动比为

$$i_{45} = 4$$

Y112M-4

$P_m = 4\ \mathrm{kW}$

计算及说明	结　果
由计算可得两级圆柱齿轮减速器的总传动比为 $$i_{\Sigma} = i_{12} i_{34} = \frac{i}{i_{01} i_{34} i_{45}} = \frac{47.12}{1 \times 1 \times 4} = 11.78$$ 为便于两级圆柱齿轮减速器采用浸油润滑,当两对齿轮的配对材料相同、齿面硬度不大于 350 HBS、齿宽系数相等时,考虑齿面接触强度接近相等的条件,取高速级传动比为 $$i_{12} = \sqrt{1.3 i_{\Sigma}} = \sqrt{1.3 \times 11.78} = 3.913$$ 低速级传动比为 $$i_{23} = \frac{i_{\Sigma}}{i_{12}} = \frac{11.78}{3.91} = 3.01$$ 传动系统各传动比分别为 $$i_{01} = 1, \quad i_{12} = 3.913, \quad i_{23} = 3.01, \quad i_{34} = 1, \quad i_{45} = 4$$ **5. 传动系统的运动和动力参数计算** 传动系统各轴的转速、功率和转矩计算如下。 对于 0 轴(电动机轴),有 $$n_0 = n_m = 1\ 440\ \text{r/min}$$ $$P_0 = P_m = 3.75\ \text{kW}$$ $$T_0 = 9\ 550 \frac{P_0}{n_0} = 9\ 550 \times \frac{3.75}{1\ 440}\ \text{N·m} = 24.87\ \text{N·m}$$ 对于 I 轴(减速器高速轴),有 $$n_1 = \frac{n_0}{i_{0I}} = \frac{1\ 440}{1}\ \text{r/min} = 1\ 440\ \text{r/min}$$ $$p_1 = P_0 \eta_{0I} = 3.75 \times 0.99\ \text{kW} = 3.712\ 5\ \text{kW}$$ $$T_1 = T_0 i_{0I} \eta_{0I} = 24.87 \times 1 \times 0.99\ \text{N·m} = 24.62\ \text{N·m}$$ 对于 II 轴(减速器中间轴),有 $$n_2 = \frac{n_1}{i_{I\,II}} = \frac{1\ 440}{3.913}\ \text{r/min} = 368\ \text{r/min}$$ $$p_2 = P_1 \eta_{I\,II} = 3.712\ 5 \times 0.960\ 3\ \text{kW} = 3.565\ \text{kW}$$ $$T_2 = T_1 i_{I\,II} \eta_{I\,II} = 24.62 \times 3.913 \times 0.960\ 3\ \text{N·m} = 92.51\ \text{N·m}$$ 对于 III 轴(减速器低速轴),有 $$n_3 = \frac{n_2}{i_{II\,III}} = \frac{368}{3.01}\ \text{r/min} = 122.26\ \text{r/min}$$ $$p_3 = P_2 \eta_{II\,III} = 3.565 \times 0.960\ 3\ \text{kW} = 3.423\ 5\ \text{kW}$$ $$T_3 = T_2 i_{II\,III} \eta_{II\,III} = 92.51 \times 3.01 \times 0.960\ 3\ \text{N·m} = 267.4\ \text{N·m}$$ 对于 IV 轴(开式圆柱齿轮传动高速轴), (略) 上述计算结果和传动比及传动效率汇总 (略) **6. 减速器传动零件的设计计算** **1) 低速级直齿圆柱齿轮的设计计算** ① 选择齿轮材料及热处理方法。 小齿轮选用 45 钢,调质处理,其硬度范围为 240~270 HBS;	…… …… …… …… …… …… …… …… …… …… …… 小齿轮: 45 钢调质

续表

计算及说明	结　　果
大齿轮选用 45 钢,正火处理,其硬度范围为 160～190 HBS。 ② 按齿面接触强度条件设计。 已知转矩为　　　　　　　　$T_2 = 92.51 \text{ N} \cdot \text{m}$ 齿数比为　　　　　　　　$u = i_{12} = 3.913$ 选取齿宽系数　　　　　　$\phi_d = 1.3$ 初取载荷系数　　　　　　$K = 1.8$ 由参考文献[2]表 10-6 查得弹性系数为 $$Z_E = 189.8 \sqrt{\text{MPa}}$$ 标准直齿圆柱齿轮节点区域系数为 $$Z_H = 2.5$$ 由参考文献[2]图 10-21(c)和图 10-21(d)分别查得, $$\sigma_{H \lim 3} = 590 \text{ MPa}$$ $$\sigma_{H \lim 3} = 460 \text{ MPa}$$ 得到小齿轮和大齿轮相应的许用触应力,齿轮分度圆表达式为 $$d_1 \geqslant \sqrt[3]{\frac{2KT_1}{\phi_d} \cdot \frac{u \pm 1}{u} \left(\frac{Z_H Z_E}{[\sigma_H]} \right)^2}$$ 　初步确定小齿轮分度圆直径,验算圆周速度,重新查取计算载荷系数 $K = K_A K_v K_a K_{H\beta}$,按实际载荷系数校正计算分度圆直径,由 $m = d_1/z_1$,确定模数 m,圆整为标准模数 m。 　③ 确定主要参数和计算主要尺寸。 　(略) 　④ 验算轮齿弯曲强度。 　(略) 　**2)高速级斜齿圆柱齿轮传动的设计计算** 　(略) 参考文献 [1] 唐增宝,常建娥. 机械设计课程设计[M]. 4 版. 武汉:华中科技大学出版社,2012. [2] 濮良贵. 机械设计[M]. 7 版. 北京:高等教育出版社,2000. [3] 任金泉. 机械设计课程设计[M]. 西安:西安交通大学出版社,2002. [4] 席伟光. 机械设计课程设计[M]. 北京:高等教育出版社,2002. ……	大齿轮: 45 钢正火 …… ……

第 29 章　机械设计课程设计的答辩

机械设计课程设计答辩是课程设计的最后一个环节,其主要目的是检查学生实际掌握设计知识情况及评价学生设计成绩。

学生在完成机械设计课程设计任务后,要做好答辩准备。学生应对整个设计过程进行系统的回顾和总结。通过回顾和总结,进一步巩固和提高分析与解决工程问题的能力。答辩中所涉及的问题,一般主要以课程设计所涉及的设计方法、设计步骤、设计图样和设计计算说明书的内容为限,一般包括方案确定、总体设计、受力分析、承载能力计算、主要参数的选择、零件材料的选择、结构设计、尺寸公差、润滑密封、使用维护、标准运用及机械制图等各方面知识。通过课程设计答辩,学生能够发现自己的设计过程和设计图样中存在的或未曾考虑到的问题,并使问题得以解决,从而扩大设计收获,掌握设计方法、提高分析和解决工程实际问题的能力。

课程设计答辩工作要求每个学生单独进行。机械设计课程设计的成绩,是以设计图样、设计计算说明书和在答辩中回答问题的情况为依据,并参考在课程设计过程中的表现进行综合评定。

机械设计课程设计答辩题摘选如下。

29-1　什么是通用零件? 什么是专用零件? 试各举三个实例。

29-2　什么是标准件? 下列零件中哪些是标准件:减速器中的滚动轴承,自行车的链条,摩擦离合器的摩擦片,车床上的普通 V 带,发动机的活塞、活塞环,曲轴轴瓦等。

29-3　设计机器的方法大体上有几种? 它们各有什么特点? 近年来机械设计方法有哪些新发展?

29-4　设计机器的一般程序如何? 其主要内容是什么?

29-5　机械设计应满足哪些基本要求? 机械零件设计应满足哪些基本设计要求? 试分析下列机械零件应满足的基本要求是什么:电动机轴,普通减速器中的齿轮轴,起重机吊钩,精密机床主轴,气门弹簧,农业机械中的拉曳链,联合收割机中的普通 V 带。

29-6　机械传动系统设计的一般步骤是什么?

29-7　在确定传动系统方案时,有哪些注意事项?

29-8　在传动系统总体设计中电动机型号是如何确定的?

29-9　在传动系统总体设计中传动比是如何分配的?

29-10　在多级传动中,锥齿轮传动放置在高速级还是低速级,为什么?

29-11　若传动中有一级带传动(或链传动)应放置在什么位置?

29-12　如何选择传动零件(如齿轮或蜗杆、蜗轮等)的材料及热处理?

29-13　齿轮主要设计参数是如何确定的?

29-14　什么是齿轮轴,什么时候使用齿轮轴?

29-15　你所设计的齿轮传动,其强度计算准则是怎么确定的?

29-16　齿轮轮齿的主要损坏形式有哪些? 你采取了哪些措施来防止发生齿轮失效?

29-17　铸造齿轮与锻造齿轮各用在什么情况下?

29-18 斜齿轮与直齿轮相比较有哪些优点？斜齿轮的螺旋角 β 应取多大为宜？应如何具体确定 β 角？

29-19 为什么计算斜齿圆柱齿轮螺旋角时必须精确到秒？为什么计算齿轮分度圆直径时必须精确到小数点后 2～3 位数？

29-20 影响机械零件疲劳强度的主要因素有哪些？提高机械零件疲劳强度的措施有哪些？

29-21 机械零件受载时在什么地方产生应力集中？应力集中与材料的强度有什么关系？

29-22 何谓摩擦、磨损和润滑？它们之间的相互关联如何？

29-23 按摩擦面间的润滑状况，滑动摩擦可分哪几种？

29-24 按照摩擦机理分，磨损有哪几种基本类型？它们各有什么主要特点？如何防止或减轻这类磨损的发生？

29-25 机械零件的磨损过程分为哪三个阶段？怎样跑合可以延长零件的寿命？

29-26 润滑剂的作用是什么？常用润滑剂有哪几种？

29-27 根据螺纹线数的不同，螺纹可以分为哪几种？它们各有何特点？

29-28 常见螺栓的螺纹是右旋还是左旋？是单线还是多线？为什么？

29-29 为什么对重要的螺栓连接不宜使用直径小于 M12 的螺栓？

29-30 螺纹连接为什么要防松？防松的根本问题是什么？

29-31 防松的基本原理有哪几种？具体的防松方法和装置各有哪些？

29-32 相同公称直径的粗牙普通螺纹与细牙普通螺纹相比，哪个自锁性能好？哪个强度高？为什么？为什么薄壁零件的连接常采用细牙螺纹？

29-33 什么叫螺纹的自锁现象？自锁条件如何？螺旋副的传动效率又如何计算？

29-34 螺纹连接的主要失效形式和计算准则是什么？

29-35 何为松螺栓连接？何为紧螺栓连接？它们的强度计算方法有何区别？

29-36 试画出螺纹连接的力-变形图，并说明连接在受到轴向工作载荷后，螺纹所受的总拉力、被连接件的剩余预紧力和轴向工作载荷之间的关系。

29-37 螺栓组连接结构设计的目的是什么？应该考虑的问题有哪些？

29-38 螺栓组连接中螺栓的附加应力是怎样产生的？为避免此附加应力，应从结构和工艺上采取哪些措施？

29-39 键连接有哪些主要类型？各有何主要特点？

29-40 平键连接的工作原理是什么？主要失效形式有哪些？平键的剖面尺寸 $b \times h$ 和键的长度 L 是如何确定的？

29-41 圆头（A 型）、平头（B 型）及单圆头（C 型）普通平键各有何优缺点？它们分别用在什么场合？轴上的键槽是如何加工出来的？

29-42 普通 V 带传动和平带传动相比，有什么优缺点？

29-43 普通 V 带由哪几部分组成？各部分的作用是什么？

29-44 说明带传动中紧边拉力 F_1、松边拉力 F_2 和有效拉力 F、张紧力 F_0 之间的关系。

29-45 带传动中，弹性滑动是怎样产生的？会造成什么后果？

29-46 带传动中，打滑是怎样产生的？打滑的有利、有害方面各是什么？

29-47 带传动工作时，带上所受应力有哪几种？如何分布？最大应力在何处？

29-48 带传动的主要失效形式是什么？带传动设计的主要依据是什么？

29-49 进行斜齿圆柱齿轮传动计算时，可以通过哪几种方法来保证传动中心距为减速器标准中心距?

29-50　作为动力传动用的齿轮减速器,其齿轮模数 m 应如何取值? 为什么?

29-51　以接触强度为主要设计准则的齿轮传动,小齿轮齿数 z_1 常取多少为好? 为什么?

29-52　齿轮减速器两级传动的中心距是如何确定的?

29-53　齿轮传动常见的失效形式有哪些? 各种失效形式常在何种情况下发生? 试对工程实际中所见到的齿轮失效的形式和原因进行分析。

29-54　齿轮传动的设计计算准则是根据什么确定的? 目前常用的计算方法有哪些,它们分别针对何种失效形式? 针对其余失效形式的计算方法怎样? 在工程设计实践中,对于一般使用的闭式硬齿面、闭式软尺面和开式齿轮传动的设计计算准则是什么?

29-55　分析轮齿折断的原因,说明提高轮齿抗折断能力的措施。

29-56　轮齿折断一般起始于轮齿的哪一侧? 全齿折断和局部折断通常在什么条件下发生? 轮齿疲劳折断和过载折断的特征如何?

29-57　试分析齿面产生疲劳点蚀的原因,润滑油的存在对点蚀的形成和扩展有何影响?

29-58　齿面点蚀一般首先发生在节线附近的齿根面上,试对这一现象加以解释。

29-59　试述防止或减缓齿面点蚀可采取的有效措施。

29-60　有一闭式齿面传动,满载工作几个月后,发现在硬度为 $220\sim240$ HBS 的齿面上出现小的凹坑,问:这是什么现象? 如何判断该齿轮是否可以继续使用? 应采取什么措施?

29-61　齿面胶合破坏是怎样产生的,其特征如何? 说明提高齿面抗胶合能力的措施。

29-62　试说明齿面磨损的成因及后果,可采取哪些措施防止或减轻齿面磨损?

29-63　试说明齿面塑性变形的特征和产生的原因,如何防止或减轻齿面塑性变形?

29-64　选择齿轮材料时,应考虑哪些主要因素? 对齿轮材料的性能有哪些要求?

29-65　常用的齿轮材料有哪些,其应用场合如何? 钢制齿轮常用的热处理方法有哪些,它们各在何种情况下采用? 试举出若干不同机械中所使用齿轮的材料和热处理方法的实例。

29-66　试比较软齿面齿轮和硬齿面齿轮的工艺过程,并说明各自的适用场合及发展趋势。

29-67　在设计软齿面齿轮传动时,为什么小齿轮的齿面硬度一般要高于大齿轮齿面硬度 $30\sim50$ HBS?

29-68　试说明选择齿轮精度等级的原则,如何根据具体情况进行合理选择?

29-69　试说明齿轮表面粗糙度对齿轮弯曲强度和接触强度有何影响,怎样进行合理的选择?

29-70　试分析润滑状况对齿轮传动性能和强度的影响,如何选择齿轮传动的润滑方式和润滑剂?

29-71　齿轮传动的效率和哪些因素有关? 如何提高齿轮传动的效率?

29-72　应主要根据哪些因素来决定齿轮的结构形式? 常见的齿轮结构形式有哪几种? 它们分别应用于何种场合?

29-73　试阐述建立直齿圆柱齿轮齿根弯曲强度计算公式时所采用的力学模型。

29-74　试比较直齿和斜齿圆柱齿轮强度计算的不同点。

29-75　进行蜗杆传动计算时,可以通过调整哪些参数来保证中心距为整数? 为什么只有变位蜗轮而没有变位蜗杆?

29-76　普通圆柱蜗杆传动主要参数有哪些? 与齿轮传动相比较,有哪些不同之处,为什么?

29-77　你所设计的蜗杆轴是怎样实现轴向定位的? 蜗轮的轴向位置是如何调整的?

29-78　多头蜗杆为什么传动效率高? 为什么动力传动又限制蜗杆的头数,使之 $z_1 \leqslant 4$?

29-79　蜗杆减速器中,为什么有时蜗杆上置,有时蜗杆下置?

29-80　切制蜗轮的滚刀与蜗杆在几何尺寸上有何差别?

29-81　为什么连续传动的闭式蜗杆传动必须进行热平衡计算? 可采用哪些措施来改善散热条件?

29-82　写出蜗杆传动的热平衡条件式,并说明各符号的含义。

29-83　如何选择闭式蜗杆传动的润滑方式和润滑剂? 对于钢制蜗杆-青铜蜗轮的蜗杆传动,选择润滑油时应注意什么问题?

29-84　对蜗杆、蜗轮材料的主要要求是什么? 有哪些常用材料? 如何选择蜗杆传动副的材料及相应的热处理方法?

29-85　蜗杆、蜗轮的结构形式有哪些? 其选用原则是什么?

29-86　与齿轮传动相比较,蜗杆传动易发生哪些损坏形式? 为什么?

29-87　蜗杆传动有何优、缺点? 在齿轮和蜗杆组成的多级传动中,为何多数情况下是将蜗杆传动放在高速级?

29-88　为什么规定圆锥齿轮的大端模数为标准值?

29-89　小圆锥齿轮在什么情况下与轴做成一体? 若锥齿轮与轴间用键连接,其键槽部分要标注哪些配合公差? 如何选择?

29-90　圆锥齿轮传动的传动比为什么一般比圆柱齿轮传动的传动比小?

29-91　谈谈如何选择轴的材料及热处理工艺,其合理性何在?

29-92　轴的跨距应怎样确定? 在确定轴的跨距时要注意哪些结构上的问题?

29-93　简述减速器低速轴的受力简图、弯矩图、转矩图是如何绘制的。

29-94　轴的常用材料有哪些? 各适用于何种场合? 如何选择?

29-95　在同一工作条件下,若不改变轴的结构和尺寸,仅将轴的材料由碳钢改为合金钢,为什么只提高了轴的强度而不能提高轴的刚度?

29-96　轴的设计应考虑哪些方面的问题? 其中哪些问题是必须考虑的? 哪些问题是在有特殊要求时才考虑的?

29-97　轴结构设计主要内容有哪些?

29-98　轴上零件的轴向固定方法有哪几种? 各有什么特点?

29-99　轴上零件的径向固定方法有哪几种? 各有什么特点?

29-100　为什么常将转轴设计成阶梯形结构?

29-101　轴的强度设计方法有哪几种? 它们各适用于何种情况?

29-102　利用公式 $d \geqslant C \sqrt[3]{P/n}$ 估算轴的直径时,应如何选取 C 值,对计算所得结果应如何最后取值?

29-103　按当量弯矩计算轴的强度时,在公式 $M_e = \sqrt{M^2 + (aT)^2}$ 中,a 的含义是什么? 如何取值?

29-104　轴受载以后,如果产生过大的弯曲变形或扭转变形,对机器的正常工作有什么影响？试举例说明。

29-105　如何提高轴的疲劳强度？如何提高轴的刚度？

29-106　常见轴的失效形式有哪些？设计中如何防止？在选择轴的材料时要哪些考虑因素？

29-107　轴上零件用轴肩定位有何优、缺点？当用轴肩定位齿轮时，轴肩圆角半径、齿轮孔倒角及轴肩高度之间应满足什么关系？

29-108　用轴肩定位滚动轴承时，其轴肩高度与圆角半径如何确定？

29-109　如何判断你所设计的轴及轴上零件已实现轴向定位？

29-110　套筒在轴的结构设计中起什么作用？如何正确设计？

29-111　为什么同一根轴上有几个键槽时，应将其设计在同一根母线上？轴上键槽为什么有对称度公差要求？

29-112　确定外伸端轴毂尺寸时要考虑什么？怎样确定键在轴段上的轴向位置？

29-113　为什么滚动轴承内圈与轴的配合用基孔制？而轴承外圈与轴承孔的配合用基轴制？

29-114　根据什么来确定滚动轴承的内径？内径确定后怎样使轴承满足预期寿命的要求？

29-115　滚动轴承组件的合理设计应考虑哪些方面的要求？

29-116　如何按基本额定动负荷进行滚动轴承的尺寸选择？

29-117　如果你所设计的齿轮减速器内用到圆锥滚子轴承，试说明这样一对轴承正装和反装两种布置的优、缺点。

29-118　滚动轴承润滑方式的选择原则是什么？你是如何考虑和解决轴承润滑问题的？

29-119　滚动轴承有哪些类型，写出它们的类型代号及名称，并说明各类轴承能承受何种负荷（径向或轴向）？

29-120　典型的滚动轴承由哪些基本元件组成？每个元件的作用是什么？

29-121　滚动轴承各元件一般采用什么材料及热处理方法？为什么？

29-122　为什么角接触球轴承和圆锥滚子轴承常成对使用？在什么情况下采用面对面安装？在什么情况下采用背对背安装？什么叫面对面安装？什么叫背对背安装？

29-123　说明以下列代号表示的滚动轴承的类型、尺寸系列、轴承内径、内部结构、公差等级、游隙及配置方式：1208/P63、30210/P6X/DF、51411、61912、7309C/DB。

29-124　为什么调心轴承常成对使用？

29-125　滚动轴承的主要失效形式有哪些？其设计计算准则是什么？

29-126　什么是滚动轴承的额定寿命和基本额定动负荷？什么是滚动轴承的当量动负荷？如何计算当量动负荷？

29-127　滚动轴承的寿命计算公式 $L = 10^6 \left(\dfrac{C}{P} \right)^\varepsilon$ 中各符号的含义和单位是什么？若转速为 n（r/min），问寿命 L_r（单位：r）与 L_h（单位：h）之间的关系是什么？

29-128　滚动轴承内圈与轴、外圈与机座孔的配合采用基孔制还是基轴制？

29-129　滚动轴承回转套圈与不转套圈所取的配合性质有何不同？常选什么配合？不转套圈偶然稍微转动对轴承寿命会有什么影响？

29-130　什么类型的滚动轴承在安装时要调整轴承游隙？常用哪些方法调整轴承游隙？

29-131　滚动轴承组合结构中为什么有时要采用预紧结构？预紧方法有哪些？

29-132　在设计同一轴的两个支承时，为什么通常采用两个型号相同的轴承？如果必须采用两个型号不同的轴承时，应采取什么措施？

29-133　在设计滚动轴承组合结构时，应如何考虑补偿轴受热后的伸长？试举例说明？

29-134　滚动轴承轴系轴向固定的典型结构形式有三类：① 两端固定；② 一端固定，一端游动；③ 两端游动。试问这三种类型各适用于什么场合？

29-135　滚动轴承的装、拆方法如何？有哪些注意事项？

29-136　怎样使上置蜗轮轴上的滚动轴承得到润滑油供应？

29-137　油沟中的润滑油如何进入轴承？有些减速器箱座剖分面的油沟不通向轴承，却伸向内壁面，这样的油沟起何作用？

29-138　轴承端盖的作用是什么？凸缘式和嵌入式轴承端盖各有什么特点？

29-139　轴伸出端的密封形式应根据什么原则来选择？皮碗密封、毡圈密封、迷宫密封有何区别，各用在什么场合？

29-140　在什么情况下要加设挡油盘？挡油盘的位置及尺寸如何考虑？

29-141　小锥齿轮轴的轴承多放在一个套杯内，而不是直接装于箱体轴承孔内，这是为什么？

29-142　联轴器中两孔直径是否必须相等？为什么？

29-143　减速器箱体的功用是什么？为什么减速器箱体多采用剖分式结构？

29-144　为什么轴承两旁的连接螺栓要尽量靠近轴承孔中心线？如何合理确定螺栓中心线位置及凸台高度？

29-145　如何考虑减速器箱体的强度和刚度要求？加强肋放在什么位置较好？为什么？

29-146　定位销一般选几个？放在什么位置好？

29-147　减速器箱体起什么作用？箱体底面为什么要做成倾斜的？

29-148　减速器上有哪些附件？各起什么作用？放在什么位置好？

29-149　指出轴零件工作图中所标注的形位公差，并说明为什么要标注这些形位公差。

29-150　说明传动零件（齿轮或蜗轮）工作图上所标注的精度等级及齿厚极限偏差（或侧隙种类）代号的含义。

29-151　怎样检查传动零件（如齿轮或蜗轮、蜗杆等）的接触精度？接触精度的高低对传动有何影响？

29-152　谈谈减速器装配图上所须标注的四类尺寸。结合装配图对所标注的尺寸的类型具体加以说明。

29-153　结合减速器装配图，说明传动零件及滚动轴承的润滑问题是如何考虑和解决的。

29-154　谈谈自己完成机械设计课程设计收获。

29-155　谈谈自己对改进机械设计课程设计教学的建议。

第 30 章　YJ—10D 机械设计课程设计陈列柜

机械设计课程设计,是高等工科院校有关专业学生首次进行综合性设计训练,也是培养学生工程设计能力的重要教学环节。建立 YJ—10D 机械设计课程设计陈列柜的目的在于帮助学生更具体更形象地了解课程设计的内容、要求以及在设计进程中应注意的问题,以便能更好地完成设计任务。

30.1　第 1 柜——课程设计概述

机械设计课程设计,通常选择一般用途的机械传动装置或简单机械作为设计题目。

1. 电动绞车模型

它主要由电动机、联轴器、齿轮减速器及工作机卷筒等组成。工作时,卷筒驱动绕在其上的钢丝绳,便可牵引重物。

2. 电动螺旋起重机器模型

它主要由电动机、V 带传动、蜗杆传动、螺旋传动及起重托杯等组成。

课程设计中,既可以选择这类机器中的传动装置,也可以选择整台机器作为设计题目。通常,课程设计要求大家完成 1 张装配图设计,2~3 张零件工作图设计,以及编写 1 份设计计算说明书。这些,在设计任务书中都有明确的要求。

3. 课程设计进程

由设计进程框图可知,课程设计有设计准备、总体设计、装配图设计、零件工作图设计、编写计算说明书等基本阶段。在课程设计结束前,还要安排设计总结和答辩,以巩固所学知识,并进行成绩评定。设计准备阶段,主要内容为阅读设计任务书,明确设计要求、原始数据和设计工作量。复习有关课程知识,准备好设计用的资料及绘图工具等。在做好准备后,就可以进入总体设计阶段。

30.2　第 2 柜——传动装置总体设计

本陈列柜介绍传动装置总体设计阶段的内容和基本要求。

1. 总体设计进程

就一般机械传动装置设计来说,总体设计主要解决传动方案的拟订,电动机型号的选择、总传动比的计算与分配,以及运动和动力参数计算等问题。下面重点介绍传动方案的拟订和总传动比的分配。

2. 传动方案的拟订

传动方案的拟订就是根据工作机的要求合理地选择传动机构并进行组合。针对同一设计任务,可以拟订出多种传动方案。现在看到的三种传动方案模型,就是针对某带式运输机传动装置而提出的。

(1)第一种传动方案——由 V 带传动和单级圆柱齿轮减速器组成的方案。带传动具有传动平稳吸振等特点,且能起过载保护作用,但它靠摩擦力来工作,为了避免结构尺寸过大,故将其布置在高速级。齿轮传动采用减速器的结构形式,满足了闭式传动的要求。

(2) 第二种传动方案——由单级蜗杆减速器所组成。蜗杆传动具有传动比大、结构紧凑、工作平稳等特点,但传动效率较低。

(3) 第三种传动方案——由单级圆锥齿轮减速器及一对开式齿轮传动所组成。它采用圆锥齿轮传动,可改变电动机的配置方式。为了减少锥齿轮的尺寸,所以将它布置在高速级。开式齿轮传动结构简单,但由于润滑条件和工作环境较差,因而磨损较快,故将其布置在低速级。

除这三种传动方案外,还可以选择链传动、两级圆柱齿轮减速器、圆锥-圆柱齿轮减速器、蜗杆-齿轮减速器以及电动机减速器等组成各种不同的传动方案。

当然,最终需要选择一种合理的传动方案。一般来说,合理方案应该是:在满足工作机性能要求的前提下,工作可靠、传动效率高、结构简单、尺寸紧凑、成本较低、工艺性好而且使用维护方便。显然,任何一个方案要同时满足上述要求是困难的,甚至是不可能的。因此,在选择合理的传动方案时,应根据具体设计题目进行分析比较。

在传动方案确定后,就可以选择电动机型号,计算所需功率,选择同步转速,进而确定电动机的型号。根据电动机的满载转速和工作机主动轴转速之比,即可计算出转动装置的总传动比。在此基础上,就可以进行总传动比在多级传动方案中的合理分配。

3. 传动比的分配

为什么要合理分配传动比,因为它关系到传动装置的工作性能、外廓尺寸及润滑状况等。

4. 传动比分配不合理的例子

我们发现带轮半径大于齿轮减速器中心高,使带轮与机架相干涉。出现这种结构不协调现象,是因为分配给带传动的传动比过大。

5. 两级圆柱齿轮减速器传动比分配的两种方案

其中画在示教板上的是一种方案,看到的模型齿轮是另一种方案。它们的总中心距和总传动比相同,但所占的空间轮廓是不相同的。

6. 传动比分配不当的模型

高速级传动比过大,致使高速级大齿轮低速轴相碰。

7. 合理润滑的模型

说明的是设计二级展开式圆柱齿轮减速时,为了有利于两对齿轮合理润滑,可从传动比分配方面使两个大齿轮直径大致相近。要满足此要求,常取高速级传动比为低速传动比的 1.3～1.6 倍。

总传动比分配好后,就可进行各轴的转速,功率及转速计算,以便为减速器的设计提供已知条件。

30.3　第 3 柜——减速器结构(Ⅰ)

在课程设计中,常常设计减速器。因此,应当了解常用减速器的基本结构。

1. 圆柱齿轮减速器

圆柱齿轮减速器是应用最广的一种类型,这里陈列有单级和双级展开式圆柱齿轮减速器模型。单级常用传动比 3～6,双级的传动比为 8～40。从结构上看,减速器主要由箱体类零件、传动零件、轴系零件及附件所组成。

减速器的箱体主要用来支承和固定轴承部件,并确保在外载荷作用下,各传动件仍能正确啮合,工作可靠且具有良好的润滑密封条件。因此,对箱体设计的基本要求是,有足够的强度和刚度,重量轻,工艺性好。

通常看到的箱体为剖分式结构,因此有箱体和箱盖两部分,通过螺栓连接成为一体,这种结构特别有利于传动件及轴系零件的装配,我们注意看轴承座孔部位,这有较厚的壁厚,设计有加强肋,连接螺栓也靠近轴承,这些措施都是为了确保轴承部位的刚度。此外,轴承座两凸台的高度,应能保证在拧紧螺栓时有足够的移动板手的空间。为了改善箱体的加工工艺性,同一轴的轴承座孔的直径通常都相同,以便镗孔。为了减少加工面积,箱体与其他零件的结合处一般都设计有凸台或鱼眼坑。此外,为了便于加工和检验,通常还使各轴承座的外端面处于同一平面,并对称于箱体的中心线。

2. 方形结构的减速器

这种新型箱体的轴承座孔部位采用内肋片,箱座和箱盖连接处的凸缘为内凸缘,轴承盖采用嵌入式结构,这种结构的箱体外表面平整美观,贮油空间较大,总体配置方便,但由于箱体内部结构复杂,因此其铸造工艺难度和箱体重量都有所增加。

减速器中的齿轮可采用直齿、斜齿或人字齿。对双级减速器,通常在高速级采用斜齿,在低速级采用直齿或斜齿。一般采用滚动轴承,只有在特高速和重载下才采用滑动轴承。齿轮、轴承等零件,通过轴肩、套筒、键连接、过盈配合以及轴承端盖的作用,来实现其定位与紧固,轴承盖有嵌入式和凸缘式两种,前者结构简单,尺寸较小,且安装后使箱体外表比较平整美观,但密封性较差,调整轴承间隙也不如凸缘式端盖方便。

3. 箱体上附件

顶部的窥视孔及视孔盖是为了便于检查箱内齿轮的啮合情况和注入润滑油。油标用来检查箱内油面高度是否符合要求。底部的油塞用于更换污油。顶部的通气器是为了使箱体内的热空气能自由逸出,以确保箱体内、外气压平衡,有利箱体密封。起盖螺钉便于拆卸时顶起箱盖。定位销用于箱体轴承座孔加工定位。箱盖上铸出的吊耳或安装的吊环螺钉,用于搬运箱盖。箱座两侧的起重耳钩,则用于起吊整台减速器。减速器附件的结构形式较多,这里陈列的是常用的一些类型。

30.4 第4柜——减速器结构(Ⅱ)

本柜陈列有圆锥-圆柱齿轮减速器、蜗杆-齿轮减速器和电动机齿轮减速器。

1. 圆锥-圆柱齿轮减速器

这种减速器的常用传动比为 $10\sim25$。为了减少圆锥齿轮的尺寸,常将锥齿轮传动布置在高速级。箱体通常对称于小圆锥齿轮的轴线,以便输出轴能调头安装。

2. 圆锥-圆柱齿轮减速器的结构

圆锥-圆柱齿轮减速器的结构,重点在小锥齿轮轴系。这里陈列有小锥齿轮轴系的四种结构形式。

第一种结构小锥齿轮轴承。小锥齿轮与轴分开制造,用键连接。两个圆锥滚子轴承正装,只在内、外圈固定一个端面。为了能调整小锥齿轮的轴向位置使锥齿轮锥顶重合,以确保啮合精度,小锥齿轮轴和轴承放在套杯内,用套杯凸缘内端面与轴承座处端面之间的一组垫片来调整。凸缘式轴承盖与套杯之间的一组垫片用来调整轴承的间隙。

第二种结构齿轮轴结构。两圆锥滚子轴承正装,两轴承的内圈各端面都需要固定,而外圈各固定一个端面。当齿顶圆大于套杯最小孔径时,轴承要在套杯内安装,很不方便。

第三种结构是反装轴承齿轮轴结构。但轴承反装。这种结构的轴承安装要在套杯内进行,很不方便,轴承间隙靠圆螺母调整,也较麻烦,尽管轴的刚度虽大,但用得较少。

以上三种结构的支承都属于两端固定的方式。

第四种结构短套杯齿轮轴结构,但与前面三种结构不同的是,它采用短套杯结构,轴承一端固定,一端游动,适合于轴的跨距较大,温度变化也大的情况。

3. 蜗杆-齿轮减速器

在由蜗杆传动与齿轮传动组成的双级减速器中,通常把蜗杆作为高速级,称为蜗杆-齿轮减速器。因为在高速时,蜗杆传动的效率较高。这种减速器所适合的传动比一般在 50～130 的范围内。至于把圆柱齿轮传动作为高速级的,即齿轮-蜗杆减速器,结构较紧凑,但应用较小。

4. 蜗杆轴承的结构

这里陈列了两种轴系部件。一种为两端固定;另一种为一端固定,一端游动。固游式中的固定端采用两个角接触球轴承正安装,其内圈之间必须垫一套筒,保证两轴承外圈端面互不接触,以便调整轴承间隙。

5. 电动机减速器

它是将电动机直接配置在减速器上的一种减速装置。由于便于安装使用,所以应用日趋广泛,这种减速器种类亦多,这里陈列的是双级固定同轴线式齿轮传动电动机减速器。

我们看到的这种减速器采用了整体式箱体,大端盖结构。高速级小齿轮直接装在电动机轴上,中间轴的一个轴承在端盖上,另一个轴承在箱体上。这种减速器轴向结构紧凑,外形美观,但镗孔比较困难,不宜用于高速场合。

电动机减速器的轴系与一般圆柱齿轮减速器轴系大致相同。但采用同轴线方式后,低速级中心距等于高速级中心距,其传动比的分配及强度计算有一定的特殊性,因低速级传递扭矩大,所以要先进行低速级齿轮传动的设计。假若要考虑两级齿轮强度基本相同,建议低速级齿轮采用硬齿面,高速级齿轮由采用软齿面。

30.5　第 5 柜——装配图设计（Ⅰ）

装配图既是用来表达各个零件具体结构、尺寸及其相互关系的图样,又是进行机器装配、调整、维护和绘制零件工作图的依据。因此,在设计过程申,装配图的设计占有重要地位。

本陈列柜介绍减速器装配图设计的步骤与方法。

1. 圆柱齿轮减速器装配图设计

设计时具有计算与绘图交叉进行的特点。设计进程一般分三个阶段,各阶段有不同的设计内容并获得相应的设计结果。

2. 第一阶段设计结果

从陈列图可见,这一阶段的主要任务是设计出轴的结构,确定阶梯轴各段直径和长度。要完成这一任务,需历经以下四步。第一步,初步计算轴径;第二步,确定箱体内壁和轴承座端面的位置;第三步,轴的结构设计;第四步,校核轴、键的强度和轴承的寿命。在这一阶段,重点要掌握轴的结构设计过程与方法。请大家观看轴的结构设计过程模型。第一个模型表示根据扭转强度初步确定轴的最小直径;第二个模型表示根据轴上零件要求确定各段直径与长度;第三个模型表示考虑零件轴向和周向定位及工艺要求后所得到的设计结果;第四个模型则为轴的另一种结构形式。

3. 第二阶段设计结果

从展示的图例可见,它是在第一阶段设计出轴的零件图的基础上,完成了齿轮、轴承端盖的结构设计,同时考虑了轴承的润滑与密封等问题。

4. 第三阶段的内容是设计减速器箱体和附件

要获得装配图所示的结果,先进行箱体设计,后进行附件设计。在减速器结构形式和箱体材料已确定的基础上,箱体设计工作可以按以下步骤进行:第一步,确定箱体轮廓;第二步,设计轴承座;第三步,布置凸缘连接螺栓;第四步,考虑润滑密封及制造工艺对箱体结构上的要求。设计减速器附件,要正确选择附件类型,合理安排其在箱体上的位置,并注意附件与箱体在结构上的关系。

对于圆锥-圆柱齿轮减速器装配图设计,其设计过程与圆柱齿轮减速器大同小异,但要注意小锥齿轮轴系的结构设计是否合理。

蜗杆减速器装配图的设计过程,也与圆柱齿轮减速器装配图大同小异。

30.6 第6柜——装配图设计(Ⅱ)

本陈列柜展示的是电动螺旋起重机和简单变速传动装置的设计。

1. 电动螺旋起重机

它由电动机、开式齿轮传动、蜗杆传动、螺旋传动、起重托杯及机体所组成。

2. 电动螺旋起重机装配图的设计

可借鉴蜗杆蜗轮减速器及开式齿轮传动的设计,这里展示的该机装配草图设计过程可供大家参考。

3. 简单的变速传动装置

它采用了二级塔轮变速机构和三联滑移齿轮变速机构。塔轮变速机构中依靠变换 V 带的安装位置,即采用不同传动比的 V 带传动来变速的。滑移齿轮变速时,需要通过操纵机构使滑移齿轮与被动轴上不同齿轮的啮合来改变被动轴的转速的。为了使滑移轮容易进入啮合,一般用直齿圆柱齿轮。两种变速机构串联,可以使输出轴获得六种不同转速。

变速传动装置装配图的设计,也可参照减速传动装配的设计进行。这里展出的装配草图设计可供大家参考。

经过几个阶段的设计,已将减速器或其他传动装置的各零部件结构确定下来,但作为完整的装配图,还要做一些工作,如完善表明结构的视图,标注有关尺寸,填写技术要求、技术图表、零件编号、明细表及标题栏等。

30.7 第7柜——设计错误分析(Ⅰ)

本陈列柜展示减速器装配图设计中常见的设计错误或不合理情况。了解这些错误并分析其原由,是为了帮助大家减少设计错误,提高设计能力。

1. 结构不合理的设计

这里以单级减速器装配图的主视图及输出轴轴系为例,对六个错误区的常见错误进行分析。

2. A 区有两个设计不合理处

一是油标位置太低,且斜度太小,不仅测量误差增大,而且工作时润滑油易于溢出。应在不与箱座凸缘或起重吊钩相干涉的条件下,尽可能增大其倾斜角度。二是油塞位置过高,润滑油及其沉淀物无法全部放出。

3. B 区有三个错误

一是箱盖与箱座连接刚度差。为此,应在保证不和轴承端盖螺栓发生干涉的前提下,将轴承旁的连接螺栓尽量向轴承靠拢。一般来说,当连接螺栓的中心线安排与轴承端盖外圆相切时,可得到较为满意的效果。与此相适应,凸台高度及螺栓长度也随之加大,如陈列柜中的图所示。二是结合面处的凸缘厚度不够。为了提高其连接刚度,凸缘厚度应参照有关经验公式计算确定。三是圆锥销太短,不便于拆卸。

4. C 区中有两个错误

一是视孔位置不当,它应设在能观察到齿轮啮合情况的地方,其尺寸也应足够大。二是通气器上由于没有孔,不能起到通气的作用。

5. D 区有三个错误

一是轴承旁螺栓距离轴承太远,应将螺栓靠近轴承座孔,并增加凸台高度。二是起盖螺钉的螺纹长度太短,起不到起盖作用。三是轴承端盖螺钉不能设计在剖分面处。

6. E 区有四个错误

一个轴承处的挡油环太高,影响轴承装卸,正确的设计是使其高度低于轴承内圈。二是齿轮端面、轴端面及套筒端面三面结合,定位紧固不明确,应按黄灯所示设计改正。三是键的位置太靠近轴后,易产生应力集中。四是轴承端盖与箱体座孔端面之间没有调整垫片,无法调整轴承间隙。

7. F 区有五个错误

一是挡油环位置设计不合理,挡油效果差。二是轴承透盖处没有密封。三是缺调整轴承间隙的垫片。四是联轴器端面不能顶住轴承盖,应考虑合理的轴向定位。五是没有周向定位。正确的设计如黄灯区所示。

有关润滑与密封方面不适当的设计及其改正,大家仔细观看陈列柜中的图示及说明。

有关制造工艺性不良的设计及其改正,请大家仔细观看与思考。

30.8　第 8 柜——设计错误分析（Ⅱ）

本柜的内容以蜗杆-齿轮减速器装配图为例,对其结构,铸造及加工工艺、安装、润滑密封、制图及尺寸标注等六方面的设计错误进行综合分析。

1. A 区共有五个错误

① 蜗杆左端的两个角接触轴承间无隔离环。

② 为防止蜗杆因热胀冷缩使内圈与轴产生相对位移,蜗杆左端轴承内圈应有轴向固定。

③ 蜗杆两端的轴承座孔外小内大,因而蜗杆轴系不能装卸。

④ 蜗杆轴外伸端的密封选择不当,应选用能防止漏油的密封。

⑤ 为防止蜗杆搅油时,高速热油和带起的磨屑对轴承的影响,蜗杆轴承处应设挡油环。

2. B 区共有三个错误

① 轴承旁螺栓及箱边连接螺栓从下边装不进去。

② 弹簧垫圈开口的方向画反了。

③ 轴承旁螺栓凸台与箱边的相贯线有错误。

3. C 区共有四个错误

① 视孔盖的结构不便于加工。

② 陈列柜图示的通气器适用于多尘环境,而图示的毛毡密封适用于较清洁的场合,两者不协调。

③ 视孔垫片的剖面线有错。

④ 所标注的齿轮传动的中心距没有偏差,蜗杆传动的中心距同样缺偏差。

4. D 区有两个错误

① 轴承端盖加 I 面过大。

② 轴承座无拔模斜度。

5. E 区有三个错误

① 箱体起重吊钩及箱盖起重吊耳应有圆角,便铸造并防止损伤起重用钢丝绳。

② 箱体吊钩的宽度较小,不便于操作。

③ 定位销外露部分太短,不便于拆卸。

6. F 区有两个错误

① 油面指示器与油塞不在同一侧面,不便于操作。

② 油塞垫片的内径小于螺纹外径。

7. G 区有三个错误

① 轴承座的加强肋过厚,且无拔模斜度。

② 减速器底座凸缘与箱体底部在同一平面上,这种结构的铸造工艺性不好。

③ 由于蜗杆传动和齿轮传动的传动比分配不当,使大齿轮直径较小。这样,如要保证齿轮的润滑,则油面过高,会造成蜗杆外伸端漏油。可减小蜗杆传动传动比,增大齿轮传动传动比,或减小齿轮的齿宽,增大齿轮传动的中心距,以增大齿轮的直径。

8. 俯视图上的 H 区有两个错误

① 靠齿轮一端的轴承拆不下来,因为挡油盘与齿轮间的距离过小,轴承拆卸器的钩子放不进去。

② 轴承处的挡油环尺寸及位置不合适。

9. I 区有两个错误

① 轴承盖固定螺栓的剖视图表示方法不当。

② 轴的外伸端未标注配合长度和轴及键的总高尺寸。如果仔细检查尺寸标注,还可以发现一些错误。

10. J 区有四个错误

① 为了节省有色金属合金,蜗轮应采用组合结构。

② 蜗轮、蜗杆轴和挡油环间产生三面接触,定位、紧固不明确。

③ 为保证蜗杆蜗轮的正确啮合,蜗轮与轴间应用过盈配合。

若再看蜗杆游动端轴承外圈与座孔的配合代号,也可以发现轴承难以游动。

④ 键离轴端太远,不便于蜗轮的安装。

11. 左视图上的 K 区有两个错误

① 箱体外壁与轴承座及轴承旁螺栓的凸台在相贯处应有倾斜过渡。

② 蜗轮轴,齿轮轴的轴承均脂润滑,但无油嘴或油杯。

12. F 区有三个错误

① 地脚螺钉的扳手空间不合要求。

② 左视图蜗杆轴上的键漏画。

③ 左视图箱座外壁与底座间无过渡线。

上述十二个区域中的三十五个错误,可以归纳为六类不同性质的错误,详细情况可看柜中的说明。

30.9　第 9 柜——轴系结构设计正误对照

为了帮助同学们更进一步加深对减速器装配图设计中常见的设计错误和不合理情况的理解,本陈列柜用图片与实物模型对照的方式展示减速箱在结构、安装、润滑密封及加工工艺方面的设计错误。

1. 圆柱齿轮轴系结构设计的图片与实物模型

图片上半部为错误结构设计,下半部为正确结构设计。图片下面为错误结构设计和正确结构设计实物模型。此设计共有十二处错误。

① 与带轮相配处轴端应短些,否则带轮左侧轴向定位不可靠。

② 带轮没有轴向定位。

③ 带轮右侧没有轴向定位。

④ 右端轴承左侧没有轴向定位。

⑤ 缺少调整垫圈无法调整轴承游隙,箱体与轴承盖结合处无凸台。

⑥ 精加工面过长且装拆轴承不便。

⑦ 定位轴肩过高,影响轴承拆卸。

⑧ 齿根圆小于轴肩,未考虑插齿加工齿轮的要求。

⑨ 右端的角接触球轴承外圈有错,排列方向不对。

⑩ 轴承透盖中未设计密封件,且与轴直接接触。

⑪ 油沟中的油无法进入轴承且会形成侧流。

⑫ 应设计挡油盘,阻挡过多的稀油进入轴承。

2. 圆锥齿轮轴系的结构设计的图片、模型的展示

图片中上半部分和下半部分分别绘制了正确的和错误的结构设计。从图中可发现九个常见错误。

① 联轴器不考虑轴间定位。

② 左端轴承内圈右侧,右侧轴承左侧没有轴向定位。

③ 轴承端盖应减少加工面。

④ 轴承游隙及小锥齿轮的轴间位置无法调整。

⑤ 轴、套杯精加工面太长。

⑥ 轴承无法拆卸。

⑦ D 小于锥齿轮轴齿顶圆直径 d_{a1}，轴承拆卸不方便。

⑧ 轴承透盖未设计密封件且与轴直接接触，无间隙。

⑨ 润滑油无法进入轴承。

3. 蜗杆轴系结构设计模型

图片左边为错误设计图，右边为蜗杆正确设计图，下方分别为错误设计的实物模型和正确设计的实物模型。图片中可发现九个设计错误。

① 深沟球轴承作为游动轴承时，外圈不应轴向固定应留间隙。

② 游动轴承内圈左侧未考虑轴向固定。

③ 固定支点轴承内圈右侧未考虑轴向固定。

④ 轴承无法拆卸。

⑤ 两轴承间未加隔圈，轴承间隙无法调整。

⑥ 箱座与套杯间没有垫片，蜗杆轴向位置无法调整。

⑦ 未设置挡油盘。

⑧ 轴承透盖未设计密封件且与轴直接接触。

⑨ 轴承端盖与套杯结合处没有垫片，轴承间隙无法调整。

上述三类轴系的错误可归纳为三类不同性质的错误，同学们可结合图片和实物模型详细观察以加深理解。

30.10　第 10 柜——零件工作图设计

零件工作图样是制造、检验和制定工艺规程的基本技术文件，它是在装配图的基础上拆绘和设计而成的。本陈列柜展示轴、齿轮及箱体类零件的设计内容与基本要求。

1. 轴的零件图设计

从展示的图例可以看出，零件工作图的设计内容有视图的安排、尺寸标注，形位公差标注、表面粗糙度标注，以及填写技术要求。

画零件图时，容易在标注尺寸及其公差、形位公差、表面粗糙度等方面出现错误。这里陈列轴零件图上标注错误及其改正的例子。

现在要了解的是轴的主要加工过程，这对帮助大家正确标注尺寸是有益的。自上而下陈列的七根轴，代表轴的加工过程，每一步加工内容可看图片上的义字说明。

2. 齿轮零件图的设计

它的设计内容与轴零件图大同小异。填写啮合特性表是齿轮零件图特有的内容。

齿轮零件的主要加工过程。齿轮的加工方法比较多，加工工艺方案比较灵活，必须根据工厂设备条件，考虑工厂技术水平等，拟定适当的工艺方案。这里以一般单件或小批生产的齿轮为例，说明从自由锻造毛坯开始，经过几道齿体加工工序直到滚制轮齿的加工过程。

3. 箱体零件图设计

箱体类零件因结构复杂，往往要用三个基本视图来表达其结构，有时还需增加必要的局部剖视图、向视图和局部放大图来反映局部结构。

参 考 文 献

[1] 钱向勇.机械原理与机械设计课程设计实验指导书[M].杭州:浙江大学出版社,2005.

[2] 杨昂岳.实用机械原理与机械设计实验技术[M].长沙:国防科技大学出版社,2009.

[3] 朱文坚.机械基础实验教程[M].北京:科学技术出版社,2005.

[4] 陈秀宁.现代机械工程基础实验教程[M].北京:高等教育出版社,2009.

[5] 濮良贵.机械设计[M].7版.北京:高等教育出版社,2000.

[6] 任金泉.机械设计课程设计[M].西安:西安交通大学出版社,2002.

[7] 席伟光.机械设计课程设计[M].北京:高等教育出版社,2002.

[8] 唐增宝.机械设计课程设计[M].3版.武汉:华中科技大学出版社,2006.

[9] 陈立德.机械设计基础课程设计指导书[M].北京:高等教育出版社,2000.

[10] 钟毅芳.机械设计[M].2版.武汉:华中科技大学出版社,2000.

[11] 邱宣怀.机械设计[M].4版.北京:高等教育出版社,2005.

[12] 杨可桢.机械设计基础[M].4版.北京:高等教育出版社,2005.

[13] 杨昂岳.机械设计学习要点与习题解析[M].长沙:国防科技大学出版社,2004.

[14] 杨昂岳.机械设计典型题解析与实战模拟[M].长沙:国防科技大学出版社,2002.

[15] 濮良贵.机械设计学习指南[M].北京:高等教育出版社,1997.

[16] 陈福生.机械设计习题集[M].北京:机械工业出版社,1993.